물건 감정에서부터
상품 기획, 설계,
집객까지

부동산 리노베이션 기획

부동산 리노베이션 기획

물건 감정에서부터
상품 기획, 설계,
집객까지

JEONGYE-C
PUBLISHERS

나카타니 노보루 + 아트앤크래프트 지음
김혜정 옮김

들어가며

일본에 리노베이션이 퍼지기 시작한 지 한 20년쯤 되었을까? 리노베이션을 처음 사업화한 것이 1998년이었고, 당시 건축 부동산을 전문으로 하는 리노베이션 회사가 달리 없었으니 업계에서도 상당히 앞선 시도였다고 자부한다. 초기엔 유행에 민감한 30대를 위주로 오래된 집, 특히 아파트를 고쳐 사는 붐이 일었고, 뒤이어 임대 아파트의 리노베이션 바람이 부동산 소유주나 개발업자들에게도 불었다.

지금은 폐교를 앞둔 초등학교처럼 공공시설이나 공공 공간까지 확대되어, 단일 건물의 재생에서 마을 만들기까지 아우르는 '도시 재생의 히든카드'처럼 쓰인다. 지체 없이 건물을 철거하고 토지 활용방안만 고민하면 되던 때가 있었지만, 이제 안이한 신축이나 재개발로는 더 이상 지속 가능하지 않음을 모두가 알고 있는 것이다.

그렇다고 덮어놓고 리노베이션만 해서 성공일 리 만무하다. 일본의 인구는 계속 감소하는데도 신축 주택은 대량으로 공급되는 탓에 2040년엔 빈집 비율이 43퍼센트에 이를 것으로 예측된다(2013년 기준 13.5퍼센트). 더욱이 앞으로는 수많은 건물 사이에서 '개성'이 요구될 뿐만 아니라, 다른 유형으로 전용하는 경우는 훨씬 더 많은 지혜와 기술이 필요하다.

이 책에서는 소규모 임대주택, 아파트, 오피스 빌딩과 호텔 등을 중심으로 '부동산 리노베이션'의 실제 과정을 소개할 것이다.

1장 물건 감정 — 부동산의 매력과 가치를 파악한다

2장 상품 기획 — 대상이 누구냐에 따라 9할이 정해진다

3장 설계 — 디자인 콘셉트의 일관성을 유지한다

4장 집객 — 네이밍과 사진이 결정률을 좌우한다

그리고 다음과 같은 사람들을 독자로 염두에 두고 있다.

· 선대가 지은 건물이나 살던 집을 물려받은 부동산 소유주

· 기업 부동산의 관리 운용 책임자

· 신축은 알지만 부동산 자산운용이 처음인 디벨로퍼나 기획자

· 건축 부동산의 기획부터 집객까지, 전체 흐름을 알고 싶은 건축사

아울러 우리가 20여 년간 진행해온 부동산 리노베이션의 실무를 숨김없이 보여줄 것이다. 무언가 하나라도 도움이 된다면 영광일 것 같다. 잠시나마 이 책으로 독자들과 교감하길 바라본다.

나카타니 노보루
아트앤크래프트 대표

차례

2장 상품 기획

차례

3장 설계

4장 집객

프롤로그

도시의 핫스폿은 리노베이션이 만든다

지금은 전 세계적으로 리노베이션을 빼고 도시개발을 얘기할 수가 없다. 나는 여행을 좋아해서 많은 도시를 가보는데, 어디라도 상업시설이나 문화시설로 주목받는 스폿은 모조리 리노베이션한 것들이다. 신축 건물로 꼭 가보길 추천하는 것은 초고층 빌딩이거나, 프랭크 게리와 같은 유명 건축가가 디자인한 첨단의 현대 건축뿐이다. 리노베이션 건물만 일부러 찾아다니는 것도 아닌데 말이다. 여행 잡지에 자주 소개되는 명소도 온통 리노베이션 건물로 가득하다.

왜 그럴까? 지금은 신축 재개발이 까다로울 뿐만 아니라 토지 취득비나 건설비가 급상승해 채산성을 맞추기가 어렵다. 상업시설은 특히 더 그렇다. 임차인 유치 전략에서나 승부를 볼 수밖에 없는데, 수익률을 맞춰줄 수 있는 대상을 찾다 보면 판에 박힌 프로젝트가 되고 만다.

그런데 흥미로운 점은 그다지 크게 투자하지 않고도 가능한 것이 리노베이션이란 사실이다. 게다가 건물의 모양새와 입주자 구성에 다채로운 변주를 꾀할 수 있는 것도 리노베이션이다. 모든 건물에는 건축 당시의 시대적 특징이 있어 개성이 뚜렷하기 때문이다. 리노베이션이 개성 있는 물건을 만드는 데에는 다 그럴 만한 이유가 있다.

신축보다 자유로운
리노베이션

주택도 마찬가지다. 디벨로퍼가 개발하는 신축 물건은 용적률, 도로 사선제한 등과 같은 대지 조건에 따라 건물 형태가 자연스럽게 정해진다. 기획은 틀을 정해 놓고 건설 비용에서 역산한 다음, 철저히 수지 타산을 맞추는 데서 출발한다. "이 정도의 집세를 낼 수 있는 사람이 들어와야 한다."라는 식이다.

오사카(大阪) 도심부는 1990년대 이후 버블 붕괴로 인해 지가가 하락하고 사무실 수요도 감소했는데, 그에 따라 도심 회귀 경향이 살아나면서 고층 아파트가 많이 지어졌다. 이런 경우에 고액의 초기 투자금을 회수하기 위해 임대료를 높게 잡고, 거주자의 소득과 세대 구성을 균일하게 설정한다. 하지만 이래서는 거리의 매력이 사라지고 만다. 소득 수준이 낮더라도 다양한 계층과 직업, 연령대를 끌어들이지 않으면 동네는 재미없어진다.

신축이라면 무엇이든 가능할 것 같지만 사실 아주 제한적이다. 아트앤크래프트가 신축 일을 하지 않는 이유도 이 때문이다. 필요 이상의 도면을 잔뜩 그려야 하고 건축확인[1] 신청이 필수다. 요즘은 건축확인을 신청하면 도면대로 지어야 한다. 리노베이션은 건축확인이 필요없는 경우가 많고 현장에서 해결하는 것들도 다소 있다. 그래서 현장 기술자들의 경험에서 우러난 좋은 아이디어를 얻을 수도 있고, 그 아이디어를 고객에게 제안할 수도 있다. 유연한 환경에서

---

1 건축 행정 절차의 하나로 인허가에 해당.

재미있는 작업이 되는 것이다.

다양성과 거주성이
동네 가치인 시대

　라이풀 홈즈 연구소[1]의 시마하라 만조(島原万丈)는 풍요로운 생활 체험이 가능한 거리를 '감각적'이라고 평가했다. 동네와 건물의 스펙보다는 감성을 자극하고 마음을 움직이는 매력이 도시의 평가 기준으로 바뀌고 있다. 교육학자이자 교육 개혁 실천가인 후지하라 가즈히로(藤原和博)는 1998년 이후 '성장 사회'에서 '성숙 사회'로 진입하면서, 모두가 원하는 정답이 아닌 개개인이 납득할 수 있는 해답을 내놓아야 하는 시대가 되었다고 말한다. 이러한 사고방식이 부동산 시장에도 스며드는 것 같다. 바야흐로 다양한 사람이 어울려 살기 편한 것이 동네의 가치인 시대다.

　그런데 대부분의 기업은 성장 사회일 때의 방식대로 상품을 개발하고 있다. 비슷비슷한 입주자를 유치하는 상업시설 재개발 프로젝트가 나오고 여전히 고층 아파트만 잇따라 들어선다. 오래된 것들을 조금은 남겨도 좋을 텐데 전부 백지로 만들어버린다. 오래된 건물을 허무는 일은 여러모로 손실이다. 더욱이 앞으로 일본은 저출생 고령화와 인구 감소로 인한 공실률 증가를 피할 수 없으며, 부동산 시장에는 공급 과잉이 야기한 치열한 경쟁이 기다리고 있다.

　가격 싸움 대신 경쟁력을 높일 묘안이 있을까? 답은 희소성밖에 없고 오래된 건물이 경쟁 우위에 있을 것이다. 가령 일본의 '전통 연립주택'²은 과거의 법제와 기술로 만들어진 유형이라 앞으로 더 생겨날 일이 없다. 낡고 지저분하다고 기피하는 사람이 많지만, 욕실이나 주방을 깔끔하게 고치면 희소성에 압도적인 우위가 생긴다. 그만큼 희귀하지 않더라도 이미 지어진 건물에는 저마다의 특징이 있기 마련이다.

단기 이익을 좇아 낡은 건물을 부수고 새 건물을 지어도 몇 년 뒤에는 또 다시 새로운 건물에 밀려 시장 경쟁에서 도태되고 만다. 그로 인해 지역의 역사는 번번이 단절되고 동네의 정취도 사라진다. 희소성 있는 옛 건물을 활용하면, 역사적 가치를 보존하고 소유주의 이익을 실현하면서도 도시를 새롭게 바꿔갈 수가 있다.

부동산 경영은
곧 마을 만들기

앞서 리노베이션이 도시개발의 필수 요소가 되고있다고 했는데, 지역 재생의 차원에서 리노베이션을 고려하는 이들도 있다. 예컨대 시바카와 요시카즈(芝川能一) 씨가 그렇다.

시바카와 씨는 지시마(千島) 토지주식회사³의 대표로, 그와는 크

---

1   일본 최대의 부동산 정보서비스 제공업체인 라이풀 홈즈(LIFULL HOME'S)에서 운영하는 주택 조사·연구 기관
2   일명 나가야(長屋). 서민주거의 한 형태로 세대 간 외벽을 공유하며 여러 채가 이어지는 구조다. 17세기 교토(京都)에서부터 시작되었으며, 현재까지도 교토와 오사카 지역에 비교적 많이 남아 있다.
3   오사카시 스미노에(住之江)구를 기반으로 하는 부동산회사. 현저히 쇠퇴하던 기타카가야(北加賀屋) 지구를 문화예술인의 집적지로 거듭나도록 이끌었다고 평가받는다.

루즈 승선을 계기로 알게 되었다. '나무라(名村) 조선소 터'가 지금처럼 지역의 문화거점이 되기 전, 나는 인근 공장에서 내 배를 수리한 적이 있다. 그때 선착장에 정박해있던 엄청난 크루즈의 주인이 궁금해 정비소 직원에게 물었더니 '영주님'이라고 하지 않겠는가. 영주님이란 그 일대 대지주인 시바카와 씨를 칭하는 말이었다. 시바카와 씨는 가끔 간사이(関西) 지역[1]에서 활약하는 저명인사들을 불러 크루즈 선상 파티 같은 것을 열었고, 웬일로 나도 거기에 끼이게 되었다. 처음 몇 년 동안은 알고만 지내다가 시바카와 빌딩[2]의 개보수를 상담하면서 일적으로도 종종 관계를 맺었다. 후일 시바카와 빌딩은 감각적인 음식점과 가게들이 입주한 복합 건물로 변모했다.

또 지시마 토지 관할인 기타카가야 지역[3]은 나무라 조선소 터의 재생과 더불어 사람들이 모여드는 '예술의 거리'로 거듭나고 있다. 거기엔 지시마 토지와 아트앤크래프트가 함께한 'APartMENT'(74, 127쪽)도 있다. 지역을 예술로 부흥시키기 위한 재생 프로젝트의 일환으로, 철공소의 사택 건물을 각기 다른 예술가가 실 하나씩 맡아 리노베이션하자고 제안했다. 재미는 있었지만 비효율적이어서, 그 안이 채택되었을 때는 솔직히 나도 놀랐다. 사업주가 지역 내 여러 물건을 소유한 대지주인 덕분에 그 같은 도전적인 사업이 실현되었지만, 지역 전체의 가치에 주목함으로써 개별 물건의 채산성에 얽

---

1 도쿄로 천도하기 이전, 교토를 중심으로 한 수도권 지역. 오늘날 교토와 오사카로부터 연결되는 광역권으로 효고, 시가, 나라, 와카야마를 포함한다.
2 지상 4층, 지하 1층의 철근콘크리트 건물. 1927년 주택으로 지어졌으나 1943년까지 봉제 학원, 전후에는 임대용 업무건물로 사용되었다. 오랜 시간 동안 노후화로 건물 입구와 테라스, 외벽 장식(마야, 잉카 문양 등)이 손상되었고 2009년 지역 복원사업을 통해 건축 당시 모습을 회복하여 국가유형문화재로 등록되었다.
3 기타카가야 지구는 1970년대까지 조선업 등의 중공업이 번영한 곳이었다. 선박 대

매이지 않을 수 있었다는 점이 무엇보다 중요하다.

물건의 차별화 전략은
거리에 있다

지시마 토지처럼 대지주가 아니라도 지역의 특성을 고려하는 것은 특히 중요하다. 지역 특성에 기반한 차별화에서 오래도록 사람을 끌어들이는 부동산이 나오기 때문이다.

리노베이션이 전 세계적인 유행이긴 하지만 기획 패턴은 비슷할 때가 많다. 얼마 전 베트남 호찌민에 머물렀을 때에도 리노베이션한 아파트 건물을 하나 보았는데 프랑스 통치기에 지어진 시설이었다. 아기자기한 외관에 비스트로와 카페, 잡화점 등이 들어서 있었고, 칠판으로 꾸민 손글씨 메뉴판, 고풍스러운 가구, 진열장에 케이크가 늘어선 모습들이 근사한 분위기를 연출했다. 이런 느낌은 세계 공통이고, 입점 구성과 인테리어의 전형으로 비친다.

어디서나 통용될 수 있는 기획이 당장은 좋아도 오래가지는 않을 것이다. 무릇 차별화 전략이라 함은 건물의 매력을 찾고 거리의 특성을 살피는 것에서 시작되어야 한다.

형화와 산업구조 변동에 따라 1989년 나무라 조선소가 폐쇄되고 관련 시설도 연이어 문을 닫으면서 빈집과 빈 공장이 증가했다. 2000년 경부터 토지 소유주인 지시마 토지는 빈집, 낡은 여관, 폐공장과 공장 터 등 지역의 유휴 부동산을 문화예술인들에게 저렴하게 임대하고 지역 문화예술단체와 협력해 아트 프로젝트를 개최하는 한편, 2009년엔 빈집 재생 프로젝트를 본격적으로 전개하면서 도시환경과 문화예술의 변화가 일었다. 그로 인한 지가 상승, 거주자 퇴출이라는 젠트리피케이션의 부정적인 영향 없이 현재까지도 그 명성이 유지되고 지역자산으로 관리되고 있다.

프랑스 통치기 호찌민에 지어진 한 아파트는 세련된 카페가 입점하면서 인기만점이다.

호찌민의 어느 복고풍 아파트는 멋진 가게들이 들어서고나서 인기 있는 상가 건물이 되었다(왼쪽). 이민 수용소와
교도소에서 다시 거듭난 암스테르담의 로이드 호텔(Lloyd Hotel, 오른쪽).

수익성은 돈 이외의
것에서도 가늠된다

부동산 투자의 목적은 대개가 '돈'이다. 세상에 나와 있는 부동산 책도 거의가 어떻게 돈을 벌 수 있는지로 집약된다. 그런데 부동산으로 대박을 노리는 사람은 아트앤크래프트를 별로 찾지 않는다. 우리도 당연히 수익성을 중요하게 생각하고 손해 보는 투자는 하지 않는다. 수익성이 유일한 판단 기준이 아닐 뿐이다.

3장에서 소개할 '제니야혼포(錢屋本舗) 본관'에는 소유주의 비즈니스가 추구하는 '수익성'과 우에혼마치(上本町) 지역에 대한 '비전'이 연결되어 있다(171쪽 참조). 비즈니스로서 활발하지만 금전만 좇지는 않는 것이다. 앞서 말한 시바카와 씨도 마찬가지다. 그가 지역에 미치는 영향력을 중시하는 것도 그 효과를 실감하기 때문 아닐까.

아트앤크래프트를 찾는 대다수 소유주들도 건물이나 지역에 대한 애착과 자부심이 있다. 어떤 확신에 차있다기 보다 어렴풋한 생각으로 상담하러 오는 경우가 대부분이다. 그런 생각에 우리는 공감과 지지를 표한다.

그리고 리노베이션을 해보면 소유주가 미처 예상치 못한 평가가 뒤따를 때가 있다. 1, 2장에서 소개하는 '신사쿠라가와(新桜川) 빌딩'의 경우(63, 131쪽), 리노베이션 협회가 주최한 '올해의 리노베이션 2017'에서 종합 그랑프리를 수상한 바 있고 최근에는 '구 도시경관 자원'에 등록되었다. 또 도시경관자원임을 알리는 명판을 의뢰받아 우리가 디자인하기도 했다. 결국 부동산을 얼마나 창의적으로 활용하느냐에 따라 거리 경관과 도시 모습이 달라지는 셈이다. 나아가 건

2001년 목재 작업장을 주택으로 개조한 크래프트 스튜디오 가미지. 변경 전과 후의 정면.

완공 후 크래프트 스튜디오 가미지의 내부. 한 그래픽 디자이너가 아주 흡족해하며 완공 직후에 바로 입주했다.

물과 건물주에 대한 평가도 금전적인 가치를 넘어선다.

사례: 크래프트 스튜디오 가미지 - 자비 부담의 자유로운 리노베이션

리노베이션 일을 시작한 지 3년쯤 지난 2001년, 처음으로 수익성 물건을 진행하였다. 바로 '크래프트 스튜디오 가미지(神路)'다. 낡은 건물의 개성, 주변 거리에서 얻은 힌트, 그리고 리노베이션에서만 가능한 자유로움을 최대한 구현한 작업이다. 다행스럽게도 임차인이 끊이지 않는 인기 물건이 되어 수익성도 충분히 실현했고, 초기 아트앤크래프트를 대표하는 리노베이션 사례가 되었다.

잠깐 작업 배경을 말하자면, 우선 소유주가 나의 부친이다. 건물도 당시 목재상을 운영하던 아버지가 목재 접합부를 깎는 작업장으로 사용하던 곳이었다. 1990년대 들어서는 목재 가공이 컴퓨터 프리커트로 바뀌었는데 그러자 작업 공간이 쓸모 없어졌다. 결국 아버지는 작업장을 허물고 유료 주차장으로 바꾸려 하셨고, 나는 리노베이션을 제안했다. "주차장은 월수입이 기껏해야 9만 엔 정도예요. 사람이 사용하는 공간으로 만들면 그 이상이 족히 될 겁니다. 제게 맡겨 주세요."라고 말이다.

하지만 아버지는 셋째 아들인 내가 못 미더우셨는지, 하는 일마다 반대가 잦았다. 다니던 부동산 회사를 3년 차에 그만둘 때도 나는 내 나름대로 생각이 있었건만 "한 회사에 오래 있지 못하는 인간은 글렀어."라고 할 만큼 보수적인 사람이었다. 그런데 리노베이션 일을 시작한 지 얼마 되지 않아 내 작업이 차츰 미디어에 소개되었고, 주변 목수들로부터도 '셋째가 제법 한다'라는 말이 들렸다. 때맞

쳐 나는 작업장 리노베이션을 꺼냈고 공사비를 부담하겠다고도 했
다. 결국 이 건에 대해서는 별다른 말없이 넘어갈 수 있었다.

완성된 결과는 이른바 '야성적인' 주택이다. 지붕과 외벽은 작업
장처럼 그대로 두고 주거로서 최소한의 설비만 갖춘 집이었다. 나머
지는 입주자 맞춤형(DIY)으로 거주자가 직접 채워나가도록 했다.
이만큼 거친 느낌을 나중에 어느 건축가의 주택 작품에서 보았지만
당시는 누구도 하지 않던 스타일이었다. 만약 건축가로서 대표작이
무엇이냐고 묻는다면, 나는 이 건물을 세 손가락 안에 꼽을 것이다.
이 작업이 실현될 수 있었던 데는 분명 '자비 부담'이 한몫했다. 또 그
런 만큼 아트앤크래프트의 토대를 이루는 아이디어들로 가득하다.

이전 모습. 폭 6m, 깊이 12m 정도의 공간은 천창에서 채광하는 목재 작업장이었다.

여기부터는 크래프트 스튜디오 가미지의 리노베이션을 이 책의 구성과 동일하게 감정, 기획, 설계, 집객의 순서로 소개하기로 한다.

(1) 감정

철골구조에 외쪽지붕을 얹은 건물로, 그야말로 전형적인 창고였다. 외관은 콘크리트 블록과 골함석으로 뒤덮여 있고, 내장도 시멘트 블록에 베니어판이 부분적으로 붙어 있었다. 전체 규모는 폭 6m, 깊이 12m 정도, 최대 천장고가 5m.

천장은 목공 작업할 때의 내부 열기를 빼내는 수동 개폐 천창이 있어 빛이 잘 들었다. 차가 드나들 만큼 큰 정문에는 묵직한 자물쇠가 채워져 있고, 벽에는 붓글씨로 쓴 불조심 주의문이 남아 있었다. 특히 철골 뼈대에는 오랜 세월의 정취가 더해져 신축으로 재현할 수 없는 희소가치가 있었다. 충분히 매력적인 건물인지라 리노베이션으로 가치를 높일 수 있다고 판단했다.

(2) 기획

영화 〈플래시댄스〉(1983)의 주인공이 살던 '창고를 개조한 집'이 먼저 떠올랐다. 〈탐정 이야기〉(1979)에 나오는 마쓰다 유사쿠(松田優作)의 사무소랄까, 〈상처투성이 천사〉(1974)에서 하기와라 겐이치(萩原健一)와 미즈타니 유타카(水谷豊)가 살던 옥탑방의 분위기 말이다. 사람에 따라 은신처 같은 공간에서 살고 싶은 이도 얼마든지 있을 것이고, 일단 공간을 제대로 만들면 타깃에 적중하리라 예상했다. 하지만 이것으로 다가 아닌지라 좀 더 구체적일 필요가 있었다.

그래서 시장조사가 필요하다. 그 일대는 오래된 서민주택가이다 보니, 전통 연립주택이 많았다. 전면도로도 좁아서 창고만으로는 수요가 없었다. 또 슈퍼마켓과 상가가 가깝고 교통 편이 좋았다. 인근 신후카에(新深江) 역에서 지하철로 10분이면 오사카 남부의 교통 중심지인 난바(難波)까지 갈 수 있다. 최근에 주변 풍경이 달라지긴 했지만 영업 중인 대중목욕탕도 도보 2분 거리에 있었다. 리노베이션할 물건에 생활 기능을 더하면 분명 임차인이 나타날 것 같았다.

그다음으로 타깃 설정. 이 공간에 딱 맞는 사람의 직업과 생활방식을 그려보았다. 아틀리에나 공방을 사용하려는 사람들, 예를 들면 가마를 수시로 확인해야 하는 도예가, 자동차나 모터사이클 생활이 취미인 사람이다. 이들이라면 작업실과 주거가 합쳐진 공간이 필요하

| 바닥면적: 68.44㎡ | 구조: 단층 철골조 | 건축년도: 미상 |

'창고형 숙식 스튜디오'로 기획된 크래프트 스튜디오 가미지. 주거로서 적합한 거주성을 갖추기 위해 단열 처리된 흰색 박스 구조체를 별도로 설치했다. 공사비 200만 엔대의 초저비용 리노베이션.

지 않을까? 특히 넓은 작업 공간, 높은 천장, 그리고 소음도 아무런 거리낌 없는 조건은 일반적인 주거에서는 있을 수 없는 장점이다. 이 조건을 원하는 사람은 분명 존재하리라 생각했다. 결국 창고의 자취를 간직한 생활공간으로 기획되었다.

(3) 설계

설계는 기획 방향에서 벗어나지 않는 것이 중요하다. '창고형 숙식 스튜디오'에 착안해 투박한 느낌을 의도했는데 한편으로 가능한 한 저렴하게 한다는 목적이 있었다. 비용을 내가 대기로 했기 때문에 공사도 잘 아는 동네 목수에게 사정해 200만 엔대 초저비용으로 진행했다.

욕실과 주방엔 업소용 설비를 넣었다. 욕실은 시멘트 블록 벽에 천장이 뚫려 지붕이 보인다. 당연히 추울 터. 이 집에 살았던 어떤 이는 욕조에 몸을 담그는 사이 물이 쉬이 식는다면서도 쾌적하다고 좋아 했다. 하지만 수면 공간까지 창고처럼 두면 거주성이 너무 떨어지므로, 단열 처리된 흰색 박스 구조물을 따로 설치했다. 이것은 창고 공간 안에 이질적인 구조물을 넣어 감각적인 대비 효과를 노린 건축적인 발상이기도 하다. 또 바닥에는 삼나무 판자(약 3cm 두께)를 깔아, 겨울에 따뜻하고 여름에 시원한 곳이 되도록 했다.

입구 쪽 공간은 주차를 할 수 있도록 비우고, 안쪽은 생활하기에 편하도록 바닥에 컬러 콘크리트를 깔아 평탄하게 만들었다. 그리고 외부 셔터는 판자만 교체하고 검게 칠했는데 한쪽에 '쪽문'을 달아 마치 은신처를 드나드는 느낌이 난다. 벽에 있던 안전문구도 그대로 남겼다. 모두 '리노베이션 느낌'을 의도한 것들이다.

크래프트 스튜디오 가미지. 주거로서는 마무리가 거칠지만 입주자는 계속해서 끊이지 않고 있다.

(4) 집객

마지막은 집객이다. 이 단계에서는 기획 방향에 맞게 홍보 문구를 쓰고, 공간에서 생활하는 이미지를 타깃에게 알린다. 다만 아트앤크래프트의 광고 디자이너가 이 공간에 홀딱 반해 먼저 임차했기에 처음에는 그럴 필요가 없었다.

나중에 오카사R부동산에서 임대 모집할 때는 '창고 예찬'이라는 짧은 문구를 붙였다. 채광 창이 있는 높은 천장과 작업 공간, 흰색 박스구조체가 한눈에 들어오도록 사진도 찍었다. 입주자가 아끼던 모터사이클, 직접 쓰는 가구들을 그대로 담아 주차나 작업장, 갤러리로도 공간을 사용할 수 있음을 표현했다.

그 후로 여기에 살았던 사람들은 이런저런 얘기를 전해주었다. 깜박하고 천장을 열어놓은 채 외출했다가 그 사이 내린 비로 집 안이 흠뻑 젖었다는 둥, 쉬는 날에 멍하게 있다가 천창 위에서 일광욕하는 고양이의 배를 보았다는 둥 좋든 나쁘든 자연에 친밀한 주거 공간임에 틀림없었다.

공간이 사는 사람을 고르는 느낌이라 입주자가 그리 쉽게 정해지리라고는 기대하지 않았는데, 항상 제때에 좋은 사람이 정해져 2001년부터 지금까지 입주자가 끊이지 않고 있다. 오랜 외국 생활을 한 디자이너, 직접 옷을 만드는 여성 스타일리스트 등 창의적인 일을 하며 집과 공감하기를 원하는 사람들이었다.

집세는 처음에만 15만 엔 정도, 현재는 12만 엔에 임대하고 있어 투자한 공사비를 진작에 회수했다. 게다가 더 이상의 보수 공사 없이 여전히 잘 사용되고 있다.

1장 물건 감정

― 부동산의 매력과 가치를 파악한다

1. 오래된 건물을 수익성 물건으로 바꾸는 재미

부동산의 가치를
높이는 리노베이션

아트앤크래프트는 오사카를 거점으로 활동하는 리노베이션 회사다. 오래된 건물을 개보수해 원래의 매력을 살리고 새로운 가치를 더하는 리노베이션 사업에 일찍이 뛰어들어 세상에 정착시켰다는 자부심이 있다. 1998년부터 주택 위주로 리노베이션을 해왔고, 지금까지 대략 7백여 건에 이른다. 모름지기 클라이언트의 다양한 라이프스타일과 취향을 실현하며 개발업자의 대규모 아파트에는 없는 주거 공간을 만들어왔다.

1994년 회사를 설립하고 처음에는 목재상을 경영하던 아버지와 '디자이너스 주택' 분양 사업을 할 생각이었다. 구입하려던 토지 매매 계약이 무산되고, 한신(阪神)·아와지(淡路) 대지진이 일어나면서 복구 지원 컨설팅을 고베(神戸)에서 3년간 하게 되었다. 이 무렵 나는 더 이상 신축의 시대가 아님을 깨달았다. 지진으로 많은 건물이 붕괴되었지만 불과 2년 만에 완벽하게 복구되었으니, 오히려 남아도는 건물을 어떻게 활용할지가 당면한 문제였다.

재해 복구 업무가 일단락되고는 오사카로 돌아와 중고 주택 리노베이션 사업을 시작했다. 처음엔 설계와 부동산 중개를 하다가 차차 시공에도 관여하였다. 그러다 1998년에 낡은 아파트 한 채를 매입해 전면 수리 후 판매하는 '크래프트 아파트먼트' 시리즈를 시작했다. 처음에는 매각하느라 애를 먹었다. 여유 자금도 없어서 고생을 좀 했는데, 다행히 작업을 본 사람들로부터 중고 아파트 물색과 리노베이션 일을 많이 의뢰받았다. 일이 잘 진행되었고 너무 재미있었다. 고객도 만족하고 회사에도 제대로 된 이익이 생긴다는 것을 알고는 그 후로 계속 이어갔다.

개인주택 리노베이션을 꾸준히 하는 한편으로 심혈을 기울이는 사업이 있다. 바로 '부동산 컨설팅'이다. 소유주가 의뢰한 건물을 리노베이션해서 수익성 높은 부동산으로 재생하는 일을 말한다. 프롤로그에서 소개한 크래프트 스튜디오 가미지를 필두로 하여, 2001년 즈음 '이케다(池田) 주택'(45쪽 참조)부터 본격적으로 임했다. 전 직장 동료이자 수익성 물건의 강자가 멤버로 가담하고, 빌딩 마니아인 설계담당 직원이 주택 이외의 수익성 물건까지 다루면서 일도 점점 늘었다.

종합 지식과 제안력을
요구하는 부동산 컨설팅

부동산 컨설팅은 수익성 물건을 대상으로 하기 때문에 개인주택 리노베이션과는 크게 다르다. 개인주택은 클라이언트가 만족하면 목적이 달성되지만, 부동산 컨설팅에서는 돈을 버는 부동산이 되어야 한다. 그러기 위해서 여러 가지가 고려된다. 어떤 용도로 할지, 어떤 사람이 입주할지, 임대료는 얼마로 할지, 수익성은 어떨지, 또 설계를 어떻게 할지 등 건물의 활용법에서 디자인까지 폭넓게 검토한다.

지금까지 오래된 전통 연립주택을 업무 겸 주거 공간으로 개조하거나, 기업의 사택을 호스텔로 전환하는 등 여러 가지 사례를 진행했다. 이런 경우는 건물의 용도 변경을 많이 수반하는데, 숙박시설이라면 소방법과 여관업법, 음식점이라면 식품위생법 등 갖가지 법률을 통과해야 한다. 물론 건축 공사비나 부동산 시장의 유동성을 파악하면서 사업이 지속적으로 수익을 실현할 수 있어야 한다.

또한 디자인 리서치와 홍보 전략에 따라서도 입주율이 크게 달라지기 때문에 부동산 컨설팅은 종합적인 지식과 제안 능력이 요구된다. 즉 프로듀서로서 도전 정신이 필요한 분야이다.

아트앤크래프트의 오사카 사무실. 개인주택 리노베이션과 부동산 컨설팅을 진행한다.

2. 일관된 콘셉트로 물건의 가치를 높인다

부동산 컨설팅의
원스톱 프로세스

아트앤크래프트는 나를 포함한 다섯 멤버가 부동산 컨설팅을 진행하는데 모두 건축사다. 그중 세 명은 택지건물거래사[1] 면허를 소유하고 있다. 말하자면 건축과 부동산의 양수겸장을 구사한다. 아울러 한 사람은 설계 능력이 독보적이고 본가가 공무소[2]인지라 목공을 할 줄 안다. 입주자 모집을 담당하는 다른 한 사람은 홍보에 강하다. 모두 각자 능수능란한 분야가 있고, 자기 입장에서 건축과 부동산 거래를 이해하고 있다. 그래서 매주 회의를 열어 프로젝트에 대한 의견을 교환하며 일을 진행한다.

고객 응대는 한두 명이 맡지만 사실상 팀으로 움직인다. 역할 분담은 프로젝트마다 달라진다. 오래된 사택을 재생한 APartMENT의 경우는 내가 먼저 기획서를 쓰고, 기획과 부동산 거래에 밝은 '어드바이저'가 소유주와의 협의를 진행했다. 그다음은 '플래너'가 설계와 감리를 맡고, 입주자 모집 단계에서는 홍보에 강한 멤버가 나섰다.

---

1 정부 공인 부동산 거래 자격자
2 공무점 혹은 공무소. 목조 주택을 전문으로 하는 중소형 민간 건설사로 일본 주택산업의 기반을 이룬다.

아트앤크래프트의 가장 큰 장점은 기획에서 설계, 시공, 매매와 집객까지 원스톱으로 진행한다는 것인데, 오사카R부동산을 통해 리노베이션 물건을 중개까지 하는 데다가 그때 얻는 시장의 감각을 다시금 기획에 반영하고 있다. 만약 소유주가 설계부터 시공, 모집까지 별개로 발주하려면 단계별 매니지먼트까지 챙겨야 할 것이다. 이런 매니지먼트의 역량과 여건을 갖춘 사람은 극히 한정적이다.

중고 부동산을 재생하는 일에 대한 수요는 앞으로 늘어날 것이다. 전체 과정에 통달한 전문가 또한 더욱 필요할 것이다. 다만 건축과 부동산을 다 아우르더라도 혼자 전 과정을 도맡아 하기는 어렵고, 아무래도 팀을 이루어야 할 수 있는 일들이 있다. 건축설계를 하는 작은 아틀리에는 부동산이나 홍보에 능통한 전문가와 함께 손잡는 전

아트앤크래프트가 2011년부터 운영하는 부동산 소개 사이트 '오사카R부동산'

략이 필요하다. 그러면 충분히 대응할 수 있을 것이다.

콘셉트가
왜 중요한가

아트앤크래프트에서는 기획, 설계, 그리고 매각과 모집까지 관통하는 콘셉트를 중요하게 여긴다. 콘셉트란 크래프트 스튜디오 가미지(17쪽 참조)에서 나온 '창고형 숙식 스튜디오'와 같은 리노베이션 방침을 말한다.

일관된 콘셉트가 있으면 크게 두 가지 이점이 있다. 하나는 속도다. 콘셉트가 분명할수록 헤매지 않고 완공까지 신속히 진행할 수 있어 효율적이다. 설계 단계에서 어떤 자재를 선택해야 할지 몰라 망설일 일이 없으며, 또 고객이 이것저것 다 해보고 싶어 변덕을 부려도 콘셉트를 떠올리면 헛수고할 일도 없다. 콘셉트가 프로젝트의 중심을 잡아주는 셈이다. 또 하나는 상품의 매력을 전달하기가 수월해진다는 점이다. 콘셉트가 흔들리면 상품의 매력이 모호해지고 결국 판매도 어려워진다. 역으로 일면식도 없는 중개인에게 명쾌하게 전달되는 콘셉트라면 계약 성공률이 확실히 올라간다.

이러한 깨달음은 소중한 실패의 경험에서 얻은 것이다. 나는 몽상가라서 건물을 보면 그 안에서 벌어질 장면들을 상상해, 만들고 싶은 장소를 구현하려고 계획에서부터 세부적인 자재 선택까지 일사천리로 밀어붙이는 면이 있다. 모든 결정권이 내게 있다면 상관없겠지만, 소유주 의사를 반영해야 하는 상황에서는 낭패보기 십상이다. 고객만 쫓아다니다가 시간은 시간대로 쓰고, 마케팅은 성과도 없이 결정률만 떨어지고, 프로젝트는 산으로 가버린다.

뿐만 아니라 대규모 부동산 개발은 익명의 대중성을 추구하느라 무난한 콘셉트를 선호하는 반면, 우리가 하는 비즈니스는 건물 한 동, 많아야 수십 호니까 그 숫자만큼 팬을 만들 수 있는 뚜렷한 콘셉트만 있으면 된다.

제안서 구석구석에 콘셉트를 담는다

부동산 컨설팅은 부동산을 다각도로 분석해 개보수 방침과 비용, 용도, 수익성, 모집 내용 등을 검토한다. 그리고 정리하려 최종적으로 제안서를 작성한다. 다음에 소개하는 '프랑스 빌딩'의 제안서는 기획, 설계, 시공, 매각·임대 모집까지, 부동산 리노베이션 과정을 망라한다. 일반적인 리노베이션 제안서도 다음과 같이 구성된다.

(1) 지역 분석

건물의 입지를 분석한다. 이를테면 지역에 사무실이 많은지 주택이 많은지, 혹은 수요자는 어떤 회사인지 어떤 거주자인지를 조사한다. 각각의 임대료 시세도 조사한다. 그리고 난바(難波)지구에 대한 접근성이 좋아 숙박업이 유리하다든지, 상업지구인 나카자키초(中崎町), 호리에(堀江)에서는 주거 이외의 용도를 고려해 볼 만하다는 등 좀 더 면밀하게 평가할 수도 있다.

(2) 건물 분석

건물의 매력을 찾아내 분석한다. 골조와 설비 상태, 디자인 특성과 마이너스 요인, 용도 변경이나 평면 변경 가능성 등을 다각도로 평가한다. 아트앤크래프트에서는 건물의 아름다움, 감각적인 매력까지 분석한다. 한편 구조적인 안전성을 우려하는 사람도 많기 때문에 건물 현황을 제대로 설명할 수 있도록 현장을 조사한다.

(3) 개보수안

간단한 도면을 그리고 자재와 용도에 대한 설명을 붙인다. 이 단계의 도면은 어디까지나 조닝(zoning)에 가까운 개략적인 것이지 확정이 아니다. 용도를 비롯해 바닥, 벽 등의 시방을 보여줄 사진도 첨부한다. 우리 경우는 외국 사례나 회사 실적을 첨부하기도 한다. 또한 이 단계에서 이미 임대료가 상정되는데, 그만큼의 임대수입에서 역산해 가능한 사양을 생각한다.

(4) 비용

바닥, 전기설비, 물 사용공간 등 구역이나 공종에 따라 공사비를 어림셈으로 제시한다. 공사관리에 드는 제반 경비를 비롯해 기획설계, 감리 비용도 명시한다. 전체 비용은 설정한 임대료와 투자 회수 기간을 고려해 산출하는데 내부적으로는 6년 안에 회수하는 것을 대략의 기준으로 삼는다.

(5) 일정

설계감리, 공사, 모집 일정을 나타낸다. 계약 일자와 비용 지불 시점도 포함하도록 한다.

(6) 모집

오사카R부동산을 통한 모집 방법, 모집 업무위탁 보수, 상정 임대료를 정리한다. 투자금을 회수할 수 있는 기한도 보여준다.

설계와 매매를
겸하면 강하다

이상과 같이 제안서에는 공사비와 임대료, 공사와 모집 일정까지 담아낸다. 이 정도는 기획부터 모집까지 원스톱으로 진행하는 조직이라야 가능한 것이다. 아트앤크래프트는 개인주택 리노베이션으로 설계 역량을 키워 왔고, 오사카R부동산을 통해 고객들의 니즈를 적확하게 파악하고 있다. 제안서에서 (1) 분석, (6) 모집에 설득력 있는 수치를 제시할 수 있는 것도 그 때문이다. 특히 정확한 임대료 산출은 오사카R부동산을 운영하면서 체득한 강점이다.

원스톱 프로세스이기 때문에 돌발 상황에 대비한 예비비를 예산에 포함시키고, 예산과 일정대로 프로젝트를 진행할 것을 서약한다. 동시에 리노베이션 방침에 대해서는 의뢰인에게 동의를 구한다. 한편 상세 설계는 거의 우리가 전담한다. 기본적으로 수익성 물건은 투자금과 수익 금액을 놓고 소유주와 합의하기 때문에, 개인주택처럼 철물 하나하나까지 협의하지는 않는다. 설계 협의는 제안서를 보낼 때, 실시설계가 끝났을 때, 단 2회 정도여도 무방하다고 본다.

지역 분석 — FRANCE bldg.

호리에 지역은 사람, 물건, 자본이 집적하는 동네.
해당 물건은 업무용 건물이지만 점포와 주거에 대한 수요도 기대할 수 있다.

사무실, 점포 계약 사례는 1,820~3,630엔/㎡(평당 6,000~12,000엔),
평균값과 중앙값은 모두 약 2,420엔/㎡(평당 8,000엔)이다.

주거 계약 사례는 1,520~3,630엔/㎡(평당 5,000~12,000엔),
평균값과 중앙값은 사무실, 점포와 동일하다.

[용도 분석] ⇒ 현행 유지 ⇑ 상승 ⇓ 하락

	사무실	점포	소호	주택
수요	○	○	○	○
투자비용	⇒	⇒	⇑	⇑
임대료	⇒	⇒	⇒	⇒
투자 회수율	⇒	⇒	⇓	⇓
건축확인	불필요	불필요	필요*	필요*

*불특정 다수에게 개방하는 구획(점포), 공동주택의 면적이 100㎡를 초과하면 용도 변경이 필요하므로 건축확인 대상.

투자 회수율을 고려해 **사무실이나 점포**로 기획하는 것이 최선이다.
또한 과잉 투자를 피하고, **시세 수준의 임대료를 설정한다.**
즉 거래회전율을 높이는 목표가 바람직하다.

Arts&Crafts

일반적인 제안서의 예(프랑스 빌딩)

건물 분석 — FRANCE bldg.

○ **[전체]**
- 1991년에 준공된 건물이므로, 적절히 유지 보수하면
  부동산으로서 수명이 늘어난다.

△ **[외관]**
- 과도한 장식이 없고 호불호가 갈리지 않는 외관이다.
- 출입문과 명판(경면 마무리)은 1990년대 건물에서나 볼 수 있는 것이다.
- **입구 주변의 미감을 높이기**만 해도 물건의 인상이 월등히 좋아진다.

X **[층]**
- 현재 배치(임대 영역, 엘리베이터, 화장실 등)로는 여러 구획으로
  분할하기가 어렵다.
- 또한 1층 1구획의 장점을 충분히 살리지는 못하고 있다.

△ **[철골조]**
- 철골구조의 천장 보(H강)와 바닥 슬래브(QL데크플레이트)를 노출함으로써,
  사용자의 눈을 사로잡는 내부 공간을 만들 수 있다.
- 철근콘크리트(RC) 구조에 비해 바닥소음 차단 성능이 다소 떨어진다.
  지금까지 경험으로 보아, 사용자가 디자인을 우선시하면 이 점을 이해하고
  긍정적으로 받아들인다.

Arts&Crafts

일반적인 제안서의 예(프랑스 빌딩)

1. **건축확인 대상이 되지 않는 범위**에서
   개보수 공사를 진행한다.

2. 입구 영역은 미감을 높인다.
   임대 영역은 **원상 복구+α** 수준으로 투자하고
   사무실, 점포로 구성한다.

3. **대대적인 공사를 피하고** 현재 상태를 살린 공간으로
   목표한다.

4. 구획을 유지하면서 **1층 1구획의 장점**을 극대화한다.

투자 효율 최적화

5. 일회적인 디자인이 아니라 **보편적인 디자인, 장기간
   시세 수준의 임대료를 유지할 수 있는 상품**으로
   기획한다.

6. 임차인을 한정하지 않는 (점포 또는 사무실)
   범용성 있고 수수한 공간을 지향한다.

**공실 가능성 감소
장수명 상품**

Arts&Crafts

일반적인 제안서의 예(프랑스 빌딩)

개보수 방안(임대) — FRANCE bldg.

[리노베이션 계획 = 문제 해결]

· 전체적으로 청결감 부족 → **원상 복구 + 미감 향상**

· 비좁은 탕비실 → **탕비실 개조**

· 개성이 전혀 없는 내부 공간
  → 철골조 활용 (모르타르 바닥 + 일부 천장 구조 노출)

· 1층 1구획의 이점을 다 살리지 못함
  → **엘리베이터 홀과 임대공간의 바닥재**를 통일해 일체감 조성

· 한곳에 통합된 화장실 → **남녀별 또는 직원 · 고객용**으로 구분

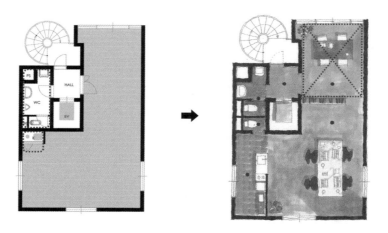

Arts&Crafts

일반적인 제안서의 예(프랑스 빌딩)

[임대 구획] ※1개 층 기준, 엘리베이터 홀 포함

· 천장, 벽(벽지 교체 + 천장 골조 일부 노출)　　　　→　　600,000엔 … ①
· 바닥(카펫 타일 또는 모르타르 위 투명 도료 시공)　　→　　700,000엔 … ②
· 전기설비(기존 재사용)　　　　　　　　　　　　→　　150,000엔 … ③
· 탕비실 인테리어(신규 공사)　　　　　　　　　　→　　450,000엔 … ④
· 물 사용공간(화장실 신설 + 위생기구 교체 + 미감 향상 + 배수 처리)
　　　　　　　　　　　　　　　　　　　　　　→　1,400,000엔 … ⑤

공사비 합계 (①+②+③+④+⑤)　　　　　　　　≒　3,300,000엔 … ⑥

[입구]

· 진입로, 홀 바닥면(미감 향상)　　　　　　　　　→　　400,000엔 … ⑦
· 명판, 사이니지, 우편함(신설)　　　　　　　　　→　　300,000엔 … ⑧
· 외관, 식재(미감 향상)　　　　　　　　　　　　→　　400,000엔 … ⑨
· 문, 차양　　　　　(기존 재이용, 헤어라인 연마)　→　　100,000엔 … ⑩
　　　　　　　　　　　　　　　　　(신설)　　　→　　300,000엔 … ⑪

공사비 합계((⑦+⑧+⑨+⑩ 또는 ⑪)　　　　　≒ 1,200,000~1,400,000엔 … ⑫

전체 공사비 합계 (⑥X2+⑫) … ⑬　　　　　　　≒　8,000,000엔 … ⑭
제반 경비　　　　　　　　(공사비의 5%)　　　　→　　400,000엔 … ⑮
기획설계 · 감리비　　　　(공사비의 10%)　　　　→　　800,000엔 … ⑯

총 예상 비용(⑭+⑮+⑯)　　　　　　　→ **9,200,000엔 + 세금 8%**

Arts&Crafts

일반적인 제안서의 예(프랑스 빌딩)

설계 · 감리, 공사 일정

- 7월 3주 차   프레젠테이션 → 합의 후 **의뢰**
- 7월 4주 차   현황 조사 + 정리
- 8월 2주 차   구체적인 설계안 합의 후 **실시설계**
- 10월 2주 차   최종 견적 → 합의 후 **도급계약**

- 11월 1주 차   착공
- **1월 3주 차**   **준공, 입주**
  공사 기간 약 2.5개월

모집 일정

- 12월   임대 조건 확정 (임대 모집 위탁 계약)
- 1월   오사카R부동산에서 임차인 모집 개시

모집 — FRANCE bldg.

임차인 모집 업무 위탁

부동산 편집숍 오사카R부동산에서 임차인 모집 www.realosakaestate.jp
- 1일 평균 방문객 약 1,000명/ 페이지뷰 약 6,000건
- 사이트 방문객의 대부분이 건축, 디자인, IT, 패션, 음식 분야 등의 종사자로, 감각이 섬세하고 주관이 뚜렷한 사람이 많다.
- 물건 소개가 글과 사진으로 구성되어 있다. 기사를 읽듯이 물건 탐색을 즐길 수 있다.

상정 임대료

- 2층 약 50㎡: 12만 엔(공용관리비 포함. 2,400엔/㎡, 평당 8,000엔)
- 3층 약 50㎡: 12만 엔(공용관리비 포함. 2,400엔/㎡, 평당 8,000엔)
  → 만실 시 월수입 24만 엔, 연수입 280만 엔
  약 3.3년에 투자금 회수 ※ 조세 공과금 제외

Arts&Crafts

일반적인 제안서의 예(프랑스 빌딩)

3. 상속주택 편 — 물려받은 부동산을 감정하는 법

부동산도, 소유주도
고령화한다

개인 소유주의 부동산 컨설팅 상담이 들어오는 것은 대부분 상속 후에 소유권이 이전되고 나서다. 그런데 일본인의 평균 수명이 늘어나면서 상속 시점도 늦어지고, 새로운 소유주도 이미 60대인 경우가 늘고 있다.

소유주의 고령화는 부동산에도 나쁜 영향을 미칠 수가 있다. 물려받은 시점엔 대개 노후화된 채로 방치되어 공실투성이로 있기 때문이다. 그보다는 좀 더 일찍 상속하는 편이 좋지만 이런저런 사정과 생각으로 그러지 못한다. 집을 담보로 연금에 보태거나, 자식들이 찾아올 집이라도 유지하려고 사망할 때까지 갖고 있는 경우도 많다.

한편으로는 관리회사가 화근인 경우도 있다. 고령의 집주인을 대신해 소유주처럼 행세하기도 한다. 개중에는 관리비와 유지보수비를 높게 책정하고 외주업체로부터 사례금을 받는 곳도 있다. 설령 악의가 없는 회사라도 소유주가 매달 들어오는 임대료에 만족한다면, 애써 궁리하지 않는 것이 인지상정이다. 수요에 맞춰 수리나 전용해볼 생각을 좀처럼 하지 않는다.

그러다 보면 상속 시점에서 '마이너스의 악순환'에 빠지는 일이 많다. '마이너스의 악순환'이란 이렇다. 물건을 너무 손보지 않아 공실률이 높아진다. 공실을 없애려고 임대료를 내린다. 임대료를 낮추면 유지 보수할 자금이 줄어 더 손쓸 수 없다. 이 과정이 반복되면서 점점 악화일로를 걷는다. 결국 건물을 소유하는 것이 무의미하기 때문에, 팔아야 할지 철거해야 할지를 고민하는 상황에 이른다.

어떤 부동산이든 지혜와 궁리에 따라 탈바꿈한다

'마이너스의 악순환'에 처한 부동산이야말로 전문가의 감정이 필요하다. 아트앤크래프트에 들어오는 상담은 부모님이 빨리 일임했거나 일찍 돌아가셨다는 경우가 많은데, 대부분 처음에는 무엇을 어떻게 해야 할지 몰라 한다. 애당초 자기 의지로 선택한 것이 아니기 때문이다. 부동산을 직접 취득한다면 수익성 등을 잘 따져 고를 텐데, 부모를 선택할 수 없는 것처럼 상속 부동산은 그럴 수가 없는 것이다. 주어진 조건 안에서 최선을 찾아야 한다.

하지만 상태가 썩 좋지 않은 부동산에도 잠재된 매력은 생각보다 많다. 별볼일 없는 건물이 리노베이션으로 좋게 바뀌는 일이 왕왕 있다. 가령 사택을 호텔로 전환한 '호스텔 64 오사카'는 일부 객실에 이부자리를 까는 다다미방을 유지했는데 이 다다미방을 외국에서 온 숙박객들이 좋아한다. 신축이라면 모두 침대 방이 되었을 것이다. 리노베이션한 다다미방은 셀링 포인트가 될 뿐만 아니라, 숙박시설의 매력을 향상시킨다. 게다가 비용까지 절감한 셈이 되었다. 이 물건은 2010년 개장해 현재까지 아트앤크래프트가 운영하고 있다.

상당수의 소유주는 자신의 물건을 객관적으로 보지 못한다. '허름하고 너저분한 건물을 누가 좋아할까'라며 쉽게 단정짓곤 한다. 때문에 부동산 컨설팅은 건물의 객관적인 가치, 비교우위의 강점, 또 약점에 대해서도 알려준다. 개념적인 설명만으로는 부족하니 구체적인 사례를 통해 부동산 감정과 활용을 알아보기로 하자.

사례① 이케다 주택 - 젊은 세대가 '동경'하는 전통 연립주택

'이케다 주택'은 2001년에 상담했던 물건이다. 소유주는 이케다 일대의 지주로 당시 50세쯤이었고, 회사를 다니면서 부동산을 관리하고 있었다. 그는 전통 연립주택 11가구 가운데 빈집 두 곳을 먼저 재생하려고 했다. 이런 경우에 웬만하면 헐고 아파트로 재건축한다. 한큐(阪急) 전철 이케다 역이 도보권에 있을뿐더러 한꺼번에 개발하면 꽤나 큰 단지가 생기기 때문이다. 하지만 소유주는 이케다 지역을 잘 가꾸고 싶어 했고, 특히 건물은 어린 시절에 뛰놀던 곳이라 애착이 많았다. 많은 건설사들이 재건축을 제안했지만 소유주의 동의를 얻지는 못한 것 같았다.

상담 후에 우리는 곧바로 활용 방안을 마련했다. 외관과 평면을 크게 변경하지 않고 전통 연립주택만의 장점을 살리되, 지저분한 욕실과 주방만은 고치기로 했다. 그때까지만 해도 소유주는 '오래된 집에 젊은이들이 살려고 들까', '이케다도 사람 냄새나는 동네가 될까'라며 조심스레 반신반의했다. 때문에 평소 '내 집 만들기' 정보를 보내는 아트앤크래프트의 회원을 대상으로 먼저 현장 탐방을 진행했고, 지인이 가르치는 건축학과 학생들도 초대했다. 그 자리에서 소유주도 우리도 생생한 목소리를 들을 수 있었다.

"일본식 공간이 역시나 아름답구나." "토방이 있어 너무 좋다!" "아무래도 재래식 변기는 괴롭지." 그리고 확신을 얻었다. 옛집에 살아본 적이 없는 젊은 사람일수록 매력을 느낀다는 사실이었다.

그러고 나서 동네 전체를 가꾸는 차원에서 투자하기로 마음먹고 20년쯤은 끄떡없도록 수리를 진행했다. 기와지붕도 새로 갈았다. 약 100㎡의 물건을 개보수 전에는 3만 엔에 임대했지만, 이후에는 임대료가 10만8천~11만 엔이 되었다. 이 금액은 주변의 아파트(방 3, 거실, 주방 겸 식당)와 비교해 정한 것이다.

2001년 리노베이션한 이케다 주택. 이 무렵 전통적인 연립주택은 젊은 세대의 동경 대상이 되기 시작했다.

타깃을 젊은 커플로 삼고 '일생에 한 번쯤 이런 곳에 살고 싶다'는 이들을 염두에 두었는데, 다행히 다른 지역에 살던 20, 30대들이 입주할 만큼 반응이 아주 좋았다.

지금이야 전통 연립주택을 재생하는 일이 일반적이다. 당시는 그런 말조차 흔치 않던 시절이라 대학 교수나 설계사무소, 디벨로퍼 등 많은 전문가들이 현장을 방문했다. 첫 작업이 잘 된 덕분에 그후로 빈집이 생길 때마다 맡아 5세대를 더 진행할 수 있었다. 오래된 전통 연립주택의 '매력'이 제대로 된 감정과 소유주의 이해로 더욱 빛날 수 있었다. 그로 인해 부동산 경영도 지속 가능해진 사례다.

보수 후 이케다 주택. 토방을 그대로 살린 주방에 대한 호응이 좋았다.

사례② 주택: 가타야마초 주택 - '보통' 주택은 최소한의 보수를

　이케다 주택처럼 특정한 계층에서 반향이 있는 물건은 리노베이션으로 분명한 가치 상승을 기대할 수 있다. 하지만 눈에 띄는 특징이 딱히 없다면 어찌해야 좋을까? 이런 의문을 품는 사람들은 다음에 소개하는 '가타야마초(片山町) 주택'에서 해법을 구할 수 있을 것이다.

　가타야마초 주택은 부모로부터 상속받은 주택을 임대 물건으로 만든 사례다. 오래된 주택이지만 두드러진 특징이 없었고, 역에서 가깝지만 교외이다 보니 인기 있는 역세권도 아니었다. 고급 사양으로 보수한들 그에 상응하는 집세를 받기가 어려운 물건이었다.

　궁리 끝에 비용 상한선을 두고 보수 범위를 한정하였고, 집세도 시세만큼 적당히 책정하기로 방침을 세웠다. 또한 대상을 20, 30대 커플로 하되, 설계는 타깃을 한정하는 특이함보다 단순함과 편리함에 초점을 맞추었다.

　최종적으로 면적 $69m^2$의 주택은 총공사비 300만 엔을 들여, 임대료 7만8천 엔을 책정할 수 있었다.

지극히 평범한 주택을 임대물건으로 바꾼 사례.

가타야마초 주택은 원래 장아찌 가게였는데 1층 대부분이 토방[1]이었다고 한다. 주택으로 사용하면서부터 마루를 깔았는데, 리노베이션을 하면서 다시 토방 일부를 부활시켰다. 또 건물 형태가 좁고 길다 보니, 가운데 주방은 언제나 어두운 편이었다. 때문에 공간 깊숙이 빛이 유입되도록 내부 칸막이를 유리로 바꾸었다. 더욱이 주방은 그때그때 필요한 수리만 해온 터라 살기엔 썩 편치 않았다. 그 참에 불편했던 주방과 욕실을 싹 다 정리했다.

그 외에는 최대한 손대지 않았고, 공사에 많은 돈을 들일 수 있는 형편도 아니었다. 옛것과 새것이 어우러지는 멋도 있으므로 벽과 계단, 창호 등은 원래 모습대로 남기고, 2층 다다미방도 상태가 양호해 거의 그대로 두었다.[2]

한편으로 손을 조금 댄 곳이라면 1층 지붕 위에 달린 빨래 건조장이다. 주변의 저층 주택들 위로 펼쳐지는 넓은 하늘을 전망하기에 딱 맞는 장소이자, 최고의 셀링 포인트였기 때문이다. 빨래 건조만이 아니라, 달 구경이나 천체 관측도 할 수 있는 데크를 설치해 발코니로 만들었다. 이렇게 '고칠 부분'과 그대로 '남길 부분'을 구분해 강약 장단을 살려도 비용 절감이 가능하다.

실제로 가타야마초 주택에는 젊은 커플이 입주했다. 3년 남짓이면 공사비를 회수할 수 있을 테니 수익률도 나쁘지 않다. 주택을 곧 상속받는데 거주할 계획이 없다면, 참고할 만한 사례이지 않은가?

1　주택에서 마루나 바닥을 깔지 않거나, 흙을 깔아놓은 공간. 한국 전통주택에서는 토방 또는 봉당, 일본에서는 도마(土間)라고 부른다. 공적인 외부 공간과 사적인 주택 내부공간의 중간으로 취사, 작업, 출입을 겸한 이웃과의 교류 행위 등이 일어난다.
2　일본 주택에는 다다미방 한 편에 바닥보다 한 단 높인 평상을 두고 그림이나 장식품을 두는 도코노마(床の間)가 있다.

| 1F | 2F |

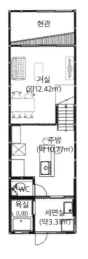

| 바닥면적: 69㎡ | 구조: 목조 2층 | 건축년도: 미상 |

가타야마초 주택. 주방 칸막이벽을 유리로 교체하여 1층 깊숙한 곳까지 빛이 유입된다(위). 데크를 새로 설치한 발코니는 제일가는 '셀링 포인트'다(아래 오른쪽).

편리하고 차분한 교외 주택지

· 역에서 도보 5분. 오사카 10분, 교토(京都) 30분,
  산노미야(三ノ宮)까지 40분 소요. 긴키(近畿) 지방은 어디든 교통이 편리하다.
  ➡ 교통이 편리해 주택지로서 더할 나위 없는 입지.
  타깃을 한정하지 않아도 고객 유치가 충분히 가능하다.

· 조용한 동네 분위기와 재개발 현장이 공존한다. 상가가 가까워 근린생활의
  장점을 내세울 수 있다.
  ➡ 오사카R부동산과 잘 맞는다.

· 개인주택이 많고 임대용 물건은 적다.
  ➡ 경쟁 상대가 적어 고객 유치에 유리하다.

Arts&Crafts

가타야마초 주택의 기획 제안서

○ 전체적으로 구조체의 심각한 손상은 보이지 않는다.
건물 기울어짐, 창호 개폐 불량, 누수 흔적이 없다.
➡ 내부공간의 **미감을 높이는 공사에 예산을 투여한다.**

△ 증축 부분에 마룻바닥 잡음이 있다.
➡ **욕실, 주방의 설비를 전부 교체하고, 마룻바닥 하부도 확인한다.**

X 오래된 건물이 풍기는 멋이 없다.
정원을 없앴고 토방도 변경되었다.
➡ **개성을 부가하는 리노베이션 방법이 필요하다.**

Arts&Crafts

가타야마초 주택의 기획 제안서

방침 경로 — 가타야초 주택

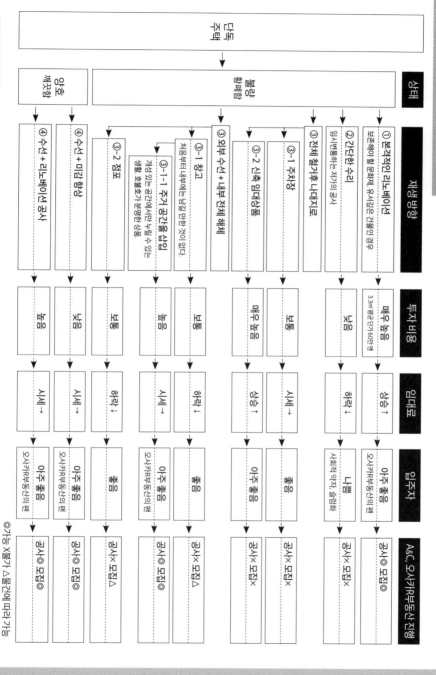

재생 방법	투자 비용	임대료	입주자	A&C, 오사카부동산 진행
① 본격적인 리노베이션 보존해야할 문화재, 무서있은 건물의 경우	매우 높음 3.3㎡ 평균단가 60만 엔	상승↑	이주 좋음 오사카부동산의 팬	공사○ 모집○
② 간단한 수리 임시변통하는 저가의 공사	낮음	하락↓	나쁨 사회적 약자, 슬럼화	공사× 모집×
③ 전체 철거후 나대지로	낮음	시세→	좋음	공사× 모집×
③-1 주차장	보통	시세→	좋음	공사○ 모집△
③-2 신축 임대상품	매우 높음	시세→	이주 좋음 오사카부동산의 팬	공사○ 모집○
③ 외부 수선 + 내부 전체 해체	보통	상승↑	좋음	공사× 모집×
③-1 철거	높음	시세→	이주 좋음 오사카부동산의 팬	공사○ 모집○
③-1-1 주거 공간을 살임 처음부터 내부에는 남길 만한 것이 없다.	보통	하락↓	좋음	공사○ 모집△
③-1-1 주거 공간을 살임 개성 있는 공간에서만 누릴 수 있는 생활, 혹은 혼가 면영한 상품	높음	시세→	이주 좋음 오사카부동산의 팬	공사○ 모집△
③-2 점포	보통	하락↓	좋음	좋음
④ 수선 + 미감 향상	낮음	시세→	이주 좋음 오사카부동산의 팬	공사○ 모집○
④ 수선 + 리노베이션 공사	높음	시세→	이주 좋음 오사카부동산의 팬	공사○ 모집○

단독 주택 → 상태 / 부분 형배움 철거배움 / 양호 / 깨끗함

©가능 ×불가 △물건에 따라 가능

Arts&Crafts

개산 견적서

- 가설, 해체 및 철거 공사 **400,000엔**
  보양물, 발판, 비계 등 해체 철거 ※잔존 사유물 처리 비용은 미포함.
- 전기, 가스, 급배수 공사, 위생 기기 **950,000엔**
  주방, 욕실, 변기, 세면대 등 설비기기 교체
- 발코니 보강, 미감 향상 공사 **200,000엔**
  천장, 골조, 기초 등의 부분적인 손상을 상정
- 내장 공사 **1,650,000엔**
  목공, 골조, 미장 등 내부 리노베이션 공사 일체
- 외관 공사, 준공 청소 공사, 기타 잡공사 **300,000엔** ※상정
- **직접 공사비 합계 3,500,000엔**

- 제반 경비 **175,000엔** ※직접 공사비의 약 5%
- 기획·설계·감리비 **367,500엔**

- **합계 4,042,500엔**

- 소비세(8%) 323,400엔
- 총계 **4,365,900엔** **약 440만 엔**

■ 바닥면적 약 69.4㎡/ 공사단가 20.96만 엔(3.3㎡ 기준)

Arts&Crafts

가타야마초 주택의 기획 제안서

일정 — 가타야마초 주택

설계·감리, 공사 일정
- 5월 　　　 의뢰
- 6월 초순 　 간이 실측, 현황도 작성, 현장 조사 → 협의
- 6월 하순 　 협의① 설계 내용 제안 → 합의
- 7월 초순 　 협의② 견적 제시 → 도급계약
- 7월 하순 　 착공
　　　　　　　(공사기간 약 2개월)
- 10월 초순 　 물건 인계, **입주 가능**

임대 모집 일정
2014년
- 7월 　　　 임대조건 확정
　　　　　　　모집 업무 위탁 계약
- 9월 중순 　 오사카R부동산에서 임차인 모집 개시

모집 — 가타야마초 주택

임차인 모집 업무 위탁에 관해
부동산 편집숍 오사카R부동산에서 임차인 모집 www.realosakaestate.jp
- 1일 평균 방문객이 약 1,000명
- 사이트 방문객의 대부분이 건축, 디자인, IT, 패션, 음식 분야 등의 종사자로,
　감각이 섬세하고 주관이 뚜렷한 사람이 많다.
- 물건 소개가 글과 사진으로 구성되어 있다. 기사를 읽듯이 물건 탐색을 즐길 수 있다.

상정 임대료
- 월 7.8만 엔
- 연간 수입 **93.6만 엔** 　　　　약 4.7년에 투자금 회수

Arts&Crafts

가타야마초 주택의 기획 제안서

4. 단독주택 편 — '평범한 주택'을 수익성 물건으로 바꾸기

단독주택 리노베이션이
증가하는 배경

최근에 아트앤크래프트로 들어오는 리노베이션 문의는 단독주택이 늘고 있다. 도시지역에서는 아파트 상담이 중심이지만 건수로는 단독주택이 전체의 3할을 넘어섰다. 아무래도 부동산 상속 증여가 증가하고 있기 때문일 것이다.

부동산을 노후자금으로 전환하려는 이들도 많아졌다. 다만 단독주택은 관리에 손이 많이 가고 계단이나 단차가 있어 살기 불편하다고 느낀다. 대여할 생각까지는 쉽사리 못하는 것 같다. 계속해서 살지 매각할지, 아니면 팔지 않고 세를 놓을지 모든 것이 고민스럽다. 이런 얘기가 자식에게는 부모 돌봄이라는 과제와도 얽혀있다. 도대체 무엇이 정답일까?

아이가 있다면
부모님 셋집살이를 추천

먼저 단독주택을 어떻게 활용할 수 있을지 생각해 보자. 예를 들어 방이 많은 집은 어떨까? 요즘은 세대원 수가 감소하는 추세라 수요가 줄고 있지만, 입지에 따라서 셰어하우스로 사용할 수 있을 것이다. 다음으로 역에서 먼 물건은 어떨까? 자동차로 출퇴근하는 사람은 타깃이 될 것이다. 또는 면적을 우선시하는 사람도 타깃에 포함된다. 같은 집세라면 기왕에 더 넓은 집을 빌릴 테니 말이다.

리노베이션 방침을 세울 때는 공법도 고려 사항이 된다. 예를 들어 재래식 공법[1]으로 지어졌다면 자유도가 높다. 1층에 차고를 둘 수 있고 점포가 달린 주택이 가능하다. 그외에 다른 용도로도 전환할 수 있다. 수익성 물건으로 리노베이션 할 경우, 틈새 시장을 겨냥해 타깃을 좁혀도 의외로 괜찮다. 타깃의 모수는 분명 줄어들지만 결정률은 올라가기 때문이다.

또 타인에게 대여해 임대 수입을 얻겠다면 친족을 대상으로 해 보자. 이른바 '부모님 셋집살이'다. 아이가 있는 30대 부부가 단독주택에 살고 싶은데 집 살 여력이 없다고? 그러면 본가는 어떨까? 아무리 살기 좋아도 부모 세대에게 불편하다면 거주지를 교환해 봄직하다. 자녀는 부모 집에 살고, 부모는 가까운 임대 아파트로 이사하는 것이다. 이를 유형화하여 '아이가 있는 30대 가정'을 타깃으로 삼을 수 있다. 여기서 임대수익이 발생하면 노후 자금으로 운용하는 계획도 세워본다. 앞으로 더 늘어날 빈집의 대책도 될 수 있을 것이다.

---

1 일본 목조주택의 전통 공법은 기둥과 보 등 여러 부재를 끼워 맞춰 구조체를 이루는 가구식(架構式)을 말한다. 여기에 철근콘크리트 기초와 앵커 볼트, 접합부에 다양한 철물을 사용하는 등 2차 대전 후에 기술적 보강을 이룬 것을 재래 공법으로 구분하기도 한다. 재래 목조 주택은 대부분이 중소공무점에 의해 건설되고 있다.

'2억'짜리 투자를
쉽게 할 수 있을까

한편으로 고령의 소유주에게 슬며시 다가오는 유혹이 있다. 빌딩이나 아파트를 재건축해서, 노후자금으로 임대료 수입을 챙기자는 제안이다. 건설회사나 은행과 상담하면 많은 경우가 재건축을 제안한다. 건설사에게는 건설비가, 은행에게는 대출 자금이 고액이고 차익이 크기 때문이다.

이런 종류의 수익성 물건은 건설비만 2억 엔이 드는 경우도 허다하다. 말하자면 초기 투자금이 2억인 비즈니스인 셈이다. 땅을 가진 사람은 이 어마어마한 사업을 비즈니스라 생각지 않고, 가벼운 마음으로 손대려는 경우가 너무나 많다.

또 "상속세도 절감되니, 가족에게 남길 재산으로 좋죠."라는 수완 좋은 영업사원의 말에 금방 설득되고 만다. '전대리스로 월세 30년 보증'이라고 하니, 매월 출납 금액만 보이는 것이다. 계약서를 잘 읽어보면 업자가 임대료를 감액하거나 보증 계약을 해지할 수 있는 특약이 써 있기도 한다.

냉철하게 생각하자. 60세, 70세에 누가 2억 엔짜리 비즈니스를 시작할까? 만만치 않은 일이다. 혹여 10년 후에 소유주가 사망하면 그 빚은 다음 세대가 고스란히 떠안게 된다. 땅값이 치솟던 시절에야 큰 대출도 그렇게 위험하지 않았고 투자 효율도 좋았다. 하지만 지금 같은 디플레이션 상황에서 신축 부동산 투자는 여러모로 신중해야 하는 것이다. 빚이 안겨줄 공포가 너무나도 뻔하다.

영업사원의 달콤한 말 이면에 도사리는 위험은 인터넷 검색으로도 금방 알 수 있다. 그래도 꼭 해야겠다면 단단히 공부하고 임했으면 한다.

난이도
상급의 물건

부동산 물건 가운데는 리노베이션이 어려운 것도 있다. 부동산을 매입해 수익성 부동산 투자를 상정하는 경우로, 다음 세 가지 유형이 대표적이다.

(1) 차지권 물건

토지 권리가 차지권(借地權)[1]인 물건이다. 차지권 물건을 재건축이나 대대적인 개축을 할 때에는 지주의 승낙이 필요하다. 투자 목적으로 차지권 물건을 사는 사람은 꽤 상급자에 속한다. 대출이 까다로울 뿐만 아니라 지주와의 관계나 차지권 존속기간을 매입 직전까지도 알 수 없는 경우가 많기 때문이다. 장점은 저렴하다는 것인데 토지를 매입하지 않아 초기 투자금액을 낮출 수 있다. 우리가 운영하는 '스파이스 모텔 오키나와(沖縄)'도 차지 물건이다.

(2) 재건축 불가 물건

도로에 접하지 않고 골목 안쪽 깊숙이 있는 물건이다. 인접합 도

---

1 건물을 짓기 위해 다른 사람의 토지를 빌리는 토지 임차권

2F

옷장

파우더룸

방
(8.78㎡)

거실 겸 주방,
식당(19.21㎡)

방
(9.27㎡)

벽장

N

1F

수납

욕실

기존 바닥
마감 유지
(9.61㎡)

DIY 공간
(15.07㎡)

바닥면적: 95.21㎡	구조: 목조 2층	건축년도: 미상

크래프트 하우스 쇼텐도리 평면도

크래프트 하우스 쇼텐도리(聖天通). 기초를 다시 깔고, 기둥과 보를 증설해 내진 벽으로 보강하는 등의 공사가 진행되었다(왼쪽).
리노베이션 공사비는 골조 상태에 따라 예상치를 초월할 수 있다. 보수 후 1층 DIY 공간(오른쪽).

로의 폭이 2m 미만인 물건도 해당된다. 재건축을 할 수 없어 시세보다 싸게 매입할 수 있지만 내용연수를 모르는 것이 위험 요소다. 따라서 담보가치가 없어 대출도 융통하기 어렵다.

(3) 불법 물건

건축 후에 법이 개정되어 현행 법률과 어긋나는 물건이다. 용적률 초과인 물건, 높이 제한을 넘어선 물건 등이 있다. 대규모 수선이나 용도 변경을 할 경우에는 현행법이 소급 적용되므로, 비용이 들거나 바닥면적을 줄여야 할 수도 있다. 이러한 물건은 매입 금액이 낮아 투자회수가 빠르다는 이점을 노리고 사는 사람도 있다. 대신 사용 기한을 정해두고 투자액 한도에서 보수해야 할 것이다. 위험성이 다분한 만큼 신중하고 계획적으로 다뤄야 한다.

사례③ 주택: 크래프트 하우스 쇼텐도리 - 난이도 상급의 단독주택 리노베이션

'크래프트 하우스 쇼텐도리'는 2층 목조 주택으로, 2012년 매입해 전면 리노베이션한 후 판매한 사례다. 물건이 있는 오사카시 쇼텐도리는 상가가 가까워 편의성이 높은 반면 주택밀집지역이라 재건축이 어려운 곳이었다.

그런데 이 주택을 매입하고 나서 골조에 문제가 있음을 알았다. 기둥과 보, 외벽, 지붕의 상태는 나쁘지 않았지만, 기초가 벽돌쌓기라 매물로 내놓기는 힘든 물건이었다. 결국 기초를 다시 세운 다음, 기둥과 보를 증설하고 내진 벽을 설치하였으며, 구사할 수 있는 기술을 최대한 구사해 어떻게든 마무리를 했다. 무사히 매각도 했지만 공사비가 예상을 훌쩍 초과했다.

목조 주택을 투자 목적으로 구입할 때는 상당한 지식과 경험이 필요하다. 이렇게 구입할 때까지 골조 상태를 정확히 알 수 없는 경우가 많기 때문이다. 덧붙여 어느 정도까지 구조를 보강할지는 판단하기가 어렵다. 안전하게 하려면야 얼마든지 가능하지만 수익성과 효용 가치를 생각하면 망설이게 된다.

아트앤크래프트에서는 최소한 기존 건물보다 부실하지 않도록 하는 것을 염두에 둔다. 고객에게 구조 보강 등급에 따라 공종별 내역을 제시하고, 어느 정도까지 구조에 손댈지 고객이 판단하도록 한다.

5. 공동주택 편 — 소유주의 마음을 움직이는 매력 발굴하기

소유주도 모르는
매력을 발견한다

물건을 감정할 때는 건물을 면밀히 관찰해 소유주가 알아차리지 못한 '매력'을 발굴하려고 애쓴다. 그리고 리노베이션으로 그 매력을 키운다. 예를 들어 '타일 벽의 운치', '곡선형 창틀의 아름다움'을 건물의 개성으로 살려보자고 제안하는 것이다.

소유주 중에는 자신이 소유한 물건의 매력에 대해 자신감이 없는 사람도 많다. 하지만 건물의 장점을 들으면 보는 눈이 달리 긍정적으로 바뀌기도 한다. 설계 단계에도 "여기가 정말 멋진데, 남깁시다."라는 말이 거듭되다 보면 소유주도 건물 자체에 긍지를 갖는다. 또 막상 리노베이션을 하고, 임차인이나 방문객에게 '좋은 소리'를 들으면 더욱 자신감이 붙는다. 다른 물건이 더 있으면 또 리노베이션해보자며 고쳐 새롭게 하는 일에 적극적으로 바뀌는 사람도 있다.

사례 ④ 주택+사무실: 신사쿠라가와 빌딩 - 모더니즘 건축의 매력을 살린다

'신사쿠라가와 빌딩'은 1958년 주거복합 용도로 지어진 지상 4층의 건물이었다. 개성 있는 풍모의 모더니즘 건축으로 건물 자체에서 느껴지는 힘이 있었다. 1, 2기에 걸쳐 리노베이션이 진행되었고 사무

부채꼴로 퍼지는 외관,
기성품이 없던 시대에 작은
디테일까지 고집스럽게
디자인한 내부.

모더니즘 건축의 분위기는
다른 건물에는 없는 독특한
매력이다.

공실 원인① 주변 환경의 변화

- 주택가가 형성된 후에 한신 고속도로가 건설됨.
- 조망, 대기질, 소음 문제로 일반 주택으로는 인기 없음.

공실 원인② 유지 관리 상태

- 건물의 수선과 관리가 정기적으로 이루어지지 않아 황폐한 느낌.
- 유지 관리 상태, 청결감은 사용자에게 중요한 요소.
- ⇒ 공용부는 1기 공사에서 개선 완료.

깔끔하게 수리한 세대(404호)가 그대로 공실인 상태.
단순히 주거로 리노베이션하는 것은 좋은 방법이 아님.

Arts&Crafts

실, 점포, 작업실 겸 주거가 구성되었다.

이 건물을 만난 것은 15년 전쯤으로 거슬러 올라간다. 간사이대학의 오카 에리코(岡絵理子) 교수가 오사카대학 재직 시절, 지역의 오래된 공동주택을 집대성하는 연구를 진행하고 있었다. 지금으로 치면 레트로인 셈이다. 오카 씨는 연구에 그치지 않고 건물 활용방법을 내게 상의했고, 우리는 함께 30여 채를 돌아보았다. 신사쿠라가와 빌딩도 그때 만났다.

그로부터 10년이 훌쩍 지난 2015년, 신사쿠라가와 빌딩의 건물주로부터 문의가 왔다. 공실이 많아 수선이 필요하다고 느껴, 오사카에서 리노베이션 잘하는 회사를 인터넷에서 찾다가 아트앤크래프트로 연락한 것이었다. 그때까지 수리업자로부터 받은 제안은 부채꼴 평면 안에 방들을 어떻게 욱여넣을지 고심한 것뿐이라서, 소유주는 자신이 막연하게나마 알던 건물의 장점을 몰라준다고 느꼈던 것 같다.

상담을 하면서 좀 더 살펴보니, 신사쿠라가와 빌딩은 곡선을 그리는 외관만이 아니라 내부 공간이 너무나 매력적인 건물이었다. 오리지널 조명기구, 목재로 된 둥근 난간손잡이, 계단실의 원형 창, 그리고 우편함까지, 남아 있는 것들이 모두 진귀하고 근사했다. 이런 공간을 좋아하는 사람이 확실히 있다고 했을 때, 소유주도 확신을 얻은 듯했다. 그러고는 바로 리노베이션을 진행하게 되었다.

2층은 점포와 사무실 구획이고 3, 4층은 주거 구획이었는데, 공용부와 2층을 먼저 리노베이션했다. 2층은 입주자를 모집하자 바로 만실이 되었고, 미디어의 관심도 컸던 터라 3, 4층도 곧이어 보수할 수 있었다.

재생 방침 — 신사쿠라가와 빌딩 [2기 공사]

STEP 1 (1기 공사에서 완료)
신사쿠라가와 빌딩의 모던한 분위기를
되살린다.

⇒ 외벽과 1층 입구, 복도, 계단 등
　 공용부의 재생 방법에 따라 건물
　 전체의 성패가 갈림.

STEP 2
임대 빌딩으로서 점포, 음식점 입주자를
엄선해 모집한다.
⇒ 1기 공사에 2층 점포 6호를 개선 완료
　 2기 공사에서 3, 4층을 보수.

STEP 3
장기적으로 난바·사쿠라가와 일대의
랜드마크, 최고의 브랜드 빌딩으로
조성한다.
⇒ 만성질환을 완치하려면
　 오랜 투병 생활이 필요.

1기 공사 후에 1, 2층 입주자들(사진 스튜디오, 디자인 사무실, 가방이나 구두 공방
등)로부터 큰 호응을 얻었고, 건물의 매력에 공감하는 이들이 많았다.

Arts&Crafts

3 · 4층 방침 — 신사쿠라가와 빌딩 [2기 공사]

■ 용도: 아틀리에 겸 주거

· 점포 용도는 불가하다.

· 3, 4층 입주자가 향후에 창업할 때는 1, 2층의 점포, 사무실 구획으로 입주하는 순환을 만든다.

· 향후 크리에이티브 계층이 입주한 건물로 브랜드 파워를 갖는다.

· 물건의 단점(한신 고속도로의 소음)을 '입주자 소음 허용'이라는 장점으로 쇄신한다.

· 이웃에 대한 배려 차원에서 벽, 바닥에 방음 공사를 진행한다.

· 주요 설비 기기(욕실, 화장실, 주방, 배관류)를 교체하고, 임대 상품으로 꾸준히 유지 관리한다.

· 공사가 끝난 세대 하나를 비워두고 모델하우스로 활용한다.

\ 사쿠라가와의 랜드마크 빌딩으로! /

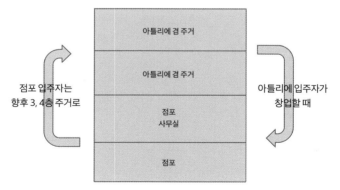

Arts&Crafts

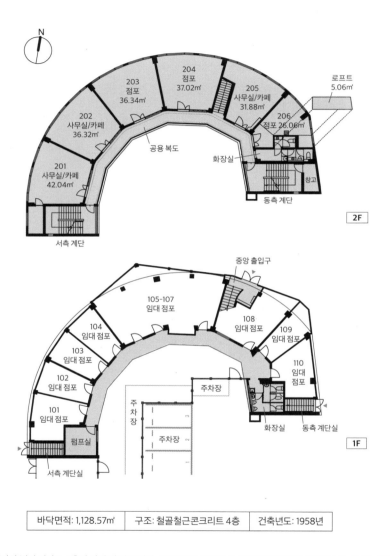

일러스트 범례:
■ 1기 리노베이션
■ 2기 리노베이션

[변경 후 용도: 1층 상업, 2층 상업+업무, 3·4층 공동주거]

2F

N

204
점포
37.02㎡

203
점포
36.34㎡

205
사무실/카페
31.88㎡

로프트
5.06㎡

202
사무실/카페
36.32㎡

206
점포 26.06㎡

공용 복도

화장실

201
사무실/카페
42.04㎡

창고

동측 계단

서측 계단

1F

중앙 출입구

105-107
임대 점포

104
임대 점포

108
임대 점포

109
임대 점포

103
임대 점포

102
임대 점포

110
임대 점포

101
임대 점포

주차장

주
차
장

주차장

펌프실

화장실

동측 계단실

서측 계단실

바닥면적: 1,128.57㎡	구조: 철골철근콘크리트 4층	건축년도: 1958년

신사쿠라가와 빌딩 평면도. 2층의 상업 및 업무 영역, 공용부(1기 공사)와 3·4층 주거 영역(2기 공사)을 나누어 리노베이션했다.

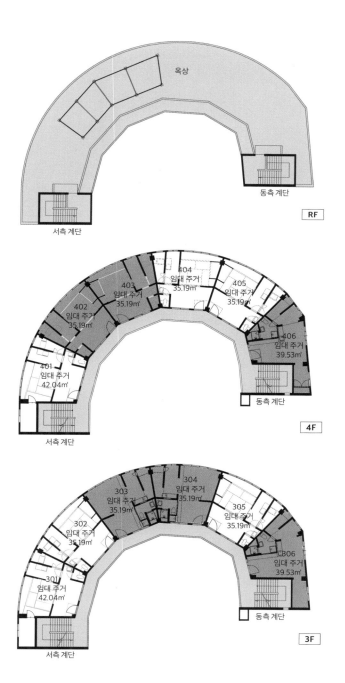

옥상

RF

동측 계단

서측 계단

404
임대 주거
35.19㎡

403
임대 주거
35.19㎡

402
임대 주거
35.19㎡

405
임대 주거
35.19㎡

406
임대 주거
39.53㎡

401
임대 주거
42.04㎡

동측 계단

서측 계단

4F

304
임대 주거
35.19㎡

303
임대 주거
35.19㎡

302
임대 주거
35.19㎡

305
임대 주거
35.19㎡

306
임대 주거
39.53㎡

301
임대 주거
42.04㎡

동측 계단

서측 계단

3F

	403호 (35.19㎡/ 10.8평)	306(406)호 (39.53㎡/ 11.9평)	합계
리노베이션 예산	400만 엔 (세금 별도)	400만 엔 (세금 별도)	800만 엔 (세금 별도)
상정 임대료	67,000엔	69,000엔	136,000엔
연간 수입	804,000엔	828,000엔	1,632,000엔
투자금 회수년수	4.98년	4.83년	4.9년

Arts&Crafts

신사쿠라가와 빌딩 기획 제안서

사례 ⑤ 사무실: 쓰루미 인쇄소 - 장인 정신이 깃든 공장을 복합 용도 물건으로

'쓰루미(鶴身) 인쇄소'는 2차 대전 이전에 지어진 초등학교 강당으로 전후에는 인쇄공장으로 가동되던 2층 목조 건물이었다. 이를 다시 2017년에 복합문화시설로 재생한 사례다.

전체 면적 400㎡ 정도를 10구획(9.93~26.8㎡)으로 나누고, 임대공간(사무실, 공방, 점포 등)과 기타 부속시설로 구성하였다. 특히 임대공간에는 커피콩 로스팅, 헌책방, 금속 액세서리 가공, 실크 스크린 인쇄, 목공예, 영상 편집, 플라워 워크, 보타이 디자인, 스포츠웨어 디자인, 촬영기사 등 장인 정신으로 일하는 다양한 사무실이 입주했다.

소유주는 인쇄소를 경영하던 부친이 쓰러지면서 34세에 갑작스럽게 공장을 물려받았다. 하지만 하향세로 접어든 인쇄시장에서 더 이상 존속이 어렵다고 판단했다. 공장을 접기로 하고 건물의 향방을 검토했지만 건설사들은 하나같이 아파트나 연립주택 재건축을 제안했던 터였다. 당사자로서는 외주업체에 관리를 맡기고 임대료만 받자니 영 탐탁치 않았던 모양이다.

그러다 지인이 있던 한 건설회사를 찾았고, 마침 건설사가 폐공장에 문화행사를 위해 공간 사용을 타진해오니 거절할 이유가 없었다. 건설사는 예술기획 사업부가 출범하려던 참이었다. 문 닫은 인쇄소에서 인쇄 워크숍, 콘서트, 연극 공연, 그리고 연주회 등 다채로운 행사가 열렸는데, 하루에 무려 6백여 명이 몰려드는 대성황을 이루었다.

소유주는 낡고 익숙한 건물과 인쇄기기, 작업 도구가 누군가에

게는 매력적인 대상이라는 사실을 깨닫고 공장 건물을 적극적으로 활용해 보기로 마음을 바꾸었다. 그리고 행사 관계자의 소개로 아트앤크래프트를 찾아왔다.

우리가 인쇄소 건물을 방문했을 때는 목조 트러스의 대공간에 인쇄기와 인쇄 석판이 여기저기 흩어져 있었다. 한눈에 보아도 건물에 힘이 있다는 것을 알 수 있었다. 'JR 교바시(京橋) 역에서 도보 5분'이라는 입지를 살리고, 용도 변경을 하지 않는 방안을 모색했다. 결국 작은 사무실이 집적된 건물로 리노베이션을 제안했다.

그리고 소유주는 다음과 같은 바람을 전했다. "장인 정신이 깃든 장소에서 '물건 만드는 사람'을 응원하고 싶다, 사람들이 모이는 자리면 좋겠다, 배움의 장을 만들고 싶다"는 등. (소유주 취재기, 133쪽 참조)

소유주의 바람 대로 건물의 유효율을 우선하기보다는 '열린 공간'을 만들기로 했다. 1,2층을 관통하는 공용 공간을 넓게 두고, 공간의 매력으로 자리 잡을 수 있게 했다. 동시에 신축 목조와 동등한 내진성을 갖도록 구조 보강도 빠뜨리지 않았다.

젊고 의욕적인 한 소유주의 희망이 되살린 것은 그저 낡고 오래된 공장 건물이 아니라, 한 공간에서 빚어진 '역사'를 이어받아 미래의 장인 정신을 응원하는 '장소'였다.

쓰루미 인쇄소의 보수 전 모습(72쪽 위)과 보수 후 열린 행사 풍경(아래). 낡은 인쇄공장은 사무실, 아틀리에, 점포, 워크숍 공간이 있는 복합시설로 재생되었다.

사례⑥ 주택+사무실: APartMENT - 지역 특성을 고스란히 살린 임대주택

APartMENT는 1971년 건축된 철공소 사택(오사카시 스미노에 구 기타카가야 소재)을 임대주택으로 재생한 사례로, 예술 창작 프로젝트의 일환으로 진행되었다. 사업주는 프롤로그에서 소개한 지시마 토지회사인데 기타카가야에서 '마을 만들기'를 진행하고 있었다. 아트앤크래프트는 리노베이션 사업의 기획과 전체 코디네이션을 맡았다.

2, 3층을 모두 주거 구획으로 설정하고, 여덟 팀의 예술가와 창작자가 각기 하나씩 리노베이션했다. 1층은 사무실, 점포, 소호 공간으

옛 철공소 사택을 임대주택으로 재생한 APartMENT.

로 구획하고 그중 사무실 2개 구획은 입주자 맞춤형(DIY)으로 조성되었다. 이는 온라인 건자재 상점 '툴박스(toolbox)'와의 협업으로 진행한 것이다(127쪽 참조).

원래 이 건물은 임차인이 세운 사택인데 지시마 토지는 땅만 임대하고 있었다. 그러다 사택이 더 이상 필요 없어지면서 건물만 덩그러니 남게 되었다. 토지 임대차계약대로라면 계약을 해지할 때, 임차인은 건물을 철거해야 했지만 지시마 토지는 그 대신 건물을 무상으로 인수했다.

우리는 이 건물의 활용 방안을 상담했는데, 매각부터 숙박시설로 운영하는 안까지 9가지를 제안했다. 그 가운데 선택된 것은 상당히 진취적인 안이었다. 앞서 언급했듯 개별 실 하나하나를 서로 다른 예술가가 리노베이션하는 것으로, 기타카가야를 예술로 부흥시키는 차원의 기획이었다.

제안마다 7가지 지표(수익성, 운영성, 문화지원 지수, KCV 지수[1] 등)에 따라 비교 분석한 표를 첨부했는데, 선택안이 '문화지원 지수, KCV 지수' 같은 문화 공헌도는 높았으나 '수익성, 운영성' 같은 사업성 지표는 그다지 좋지 않았다.

그럼에도 소유주가 의욕을 보인 이유는 그곳에서 예술가와 창작자가 모이는 지역의 특성과 장점을 보았기 때문인데, 한층 더 높은 수준의 비즈니스를 추진하려는 도전적인 프로젝트였다 할 수 있다.

1 기타카가야의 매력 연계지수

[오피스 리노베이션 레시피]

입구는 건물의 얼굴

1. (before) 신사쿠라가와 빌딩의 입구. 신사쿠라가와 빌딩은 1958년 준공된 주거복합 건물이다.
2. (after) 입구 명판과 외등은 원래 것으로 재사용하여 역사를 이어 받았다.

건물의 매력 요소인 외관을 재생한다

1. (before) 신사쿠라가와 빌딩은 고속도로에 면해 있으면서도 역 가까이에 위치한다. 곡면 파사드와 시원하게 나있는 창문들이 이 건물의 매력 요소다.

2. (after) 외벽 도장을 새로 하고 옥상에는 방수공사를 했다. 1층엔 동네에서 인기있는 제과점 옆으로 커피스탠드가 새로 입주했다.

공용 공간은 건물 전체의 분위기를 주도한다

1. (before) 푸른 바닥타일과 조명기구, 창틀은 오염되고 색이 바랬지만 모두 귀중한 소재다.
2. (after) 새시는 도장, 바닥 비닐타일은 교체. 타일 색은 페인트에 먹을 섞어 최대한 종전과 가까워지도록 고안한 것이다.

자재와 부품은 물건의 개성을 만든다

1. (before) 문 손잡이와 같은 디테일에도 건물의 독특한 분위기가 담겨 있다.
2. (after) 원래 것을 닦아 다시 사용한 문 손잡이.

물건의 약점을 활용하는 역발상

1. (before) 한신 고속도로와 간선도로의 소음, 현대적인 라이프스타일과 맞지 않는 배치가 장기간 공실 요인이었다.

2. (after) 외부의 소음을 역이용하면 '좀 시끄러워도 OK'. 입주자의 소음을 적극 허용하는 아틀리에 겸 주거 리노베이션. 세대 간 경계벽은 흡음성 자재로 마감되었다.

1

2

다재다능하고 다채로운 입주자가 건물의 매력을 높인다

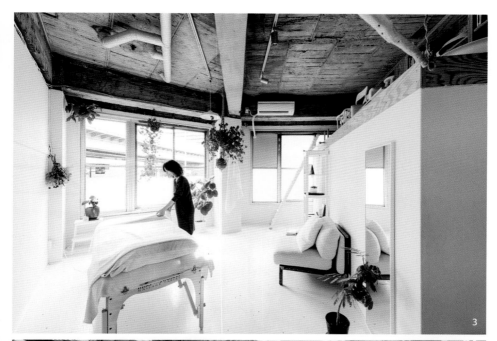

3

4

물 사용공간은 밝고 청결한 느낌으로

1. (before) 구식 욕실과 주방.
2. (after) 레트로 물건이라도 물 사용공간은 청결감이 필수다.

1

옥상의 매력을 최대한 살린다

부동산 리노베이션 기획

1. (before) 옥상은 원래 입주자 공용의 빨래건조장으로 사용되었다.

2. (after) 리노베이션을 하면서 옥상엔 방수 공사를 했다. 탁 트인 옥상 전망은 그 자체로 물건의
매력이 되기 때문이다.

2

2장 상품 기획

― 대상이 누구냐에 따라
9할이 정해진다

1. 기획의 중심은 타깃이다

기획의 시작은
시장조사

기획에서는 부동산 가치를 감정한 후에 무엇을 어떻게 바꿀지, 얼마나 투자할지, 타깃은 누구로 할지와 같은 종합적인 방침을 결정한다. 이는 부동산 리노베이션의 근간이라 할 수 있다. 기존 건물의 개성을 어떻게 해석하느냐에 따라 리노베이션 방침이 달라지고, 투자 정도와 타깃 대상에서부터 건물의 모습이 바뀐다. 때문에 기획자에게는 풍부한 상상력, 상상을 현실화하기 위한 광범위한 지식, 그리고 폭넓은 시야를 갖춘 계획성이 필요하다.

기획에서 우선해야 할 일은 '시장조사'다. 이를테면 지역의 임대료 시세가 얼마인지, 어떤 주택이 많은지를 알아보는 것이다. 부동산업자 전용 사이트인 레인즈[1]나, 부동산 회사가 정보를 제공하는 부동산 포털 사이트를 이용해 알아본다.

아트앤크래프트 경우는 오사카R부동산을 운영하면서 얻은 경험치로 오사카 지역만큼은 이미 제대로 파악하고 있다. 샐러리맨이 많은지, 프리랜서가 많은지, 혹은 아이가 있는 가정엔 어떤 물건이 인기 있는지 등 동네마다 수치로 드러나지 않는 정보까지 아우르고 있다. 그래서 시장조사는 부동산 시세를 확인하는 현황 파악에 그친다.

기획에서 배치는
중요치 않다

일반적으로 신축 임대물건을 기획할 때에는 실 배치가 중심이 된다. 집을 구할 때에 대개 '방 2, 거실', '원룸'과 같은 키워드로 검색하기 때문이다. 하지만 리노베이션에서는 그다지 중요하지 않은 것들이다.

아트앤크래프트에서도 개인주택 리노베이션은 오히려 실 구분이 애매한 공간을 종종 제안한다. '작업 공간이 있는 거실', '거실로부터 시선은 가리되 공간은 연결되는 침실' 같은 것인데, 이런 공간은 주택 전체에 일체감이 있으면 실제 면적보다 여유롭고 거주성도 높아진다. 그런 집에 방이 몇 개냐고 물으면 확실한 대답이 어렵다.

이같은 제안들이 주택상품을 기획하는 일선에서는 대개 배제된다. 실 배치를 중심으로 키워드 검색을 한다고 치자. 일단 원룸으로 취급되는 물건은 방 2개짜리 집 보다 공간적인 여유가 있어도 더 비싸게 느껴지기 때문이다.

최근 도시지역에서는 가구당 구성원 수가 감소하는 추세고, 1인 가구의 증가는 가팔라지고 있다. 방이 몇 개인지는 세대원이 2인 이상일 때나 중요한 것이니까, 사실상 실 배치를 크게 신경쓰지 않아도 된다.

---

1 일본의 부동산 유통표준정보시스템(Real Estate Information Network Systems). 국토교통성 장관이 지정한 부동산유통현대화센터가 운영한다.

공간 배치보다
타깃 설정이 먼저다

그러면 무엇이 중요할까? 타깃 대상이다. 타깃이 명확하면 공간
에서 어떤 생활이 이루어지는지는 저절로 알 수 있다. 분양하는 아
파트와 주택은 대출이 얽혀 거주자의 연 수입이 중시되지만, 임대주
택인 경우는 특히 월세 10만 엔 정도까지의 물건은 소비 스타일이 중
요해진다. 따라서 타깃이 어떤 직업을 가졌는지, 어떤 카페를 자주 가
는지, 여가를 어떻게 보내는지 등을 상세하게 그려야 한다.

타깃은 우선 기획담당이 주도적으로 생각한다. 그리고 내부 회의
에서 좁혀간다. 시작은 건물의 분위기와 지역색을 출발점으로 삼아
생각하는 경우가 많고, 살고 싶어 하는 사람, 반대로 살지 않을 사람
을 상상하며 확장해나간다. 근처에 카페나 유명 레스토랑이 있으면
그것도 실마리로 삼는다. 때문에 매매할 때 타깃이 찾을 만한 가게
에 물건 광고지를 갖다 놓기도 하고 실제로 전단지를 통해 입주자가
정해지기도 한다. 그럴 때는 무척 기쁘다. 전략이 적중해서라기 보
다 우리가 상상한 사람을 정말로 만났다는 반가움 때문이다.

상품 콘셉트는
취향이 아니라 타깃에서

개발회사나 리노베이션 회사는 상품의 콘셉트를 타깃이 아닌 취
향으로 정하기도 한다. 브루클린 스타일, 지중해 스타일이라고 주장

하는 아파트 광고, 분양주택 광고를 본 적 있는가? 아트앤크래프트에서는 하지 않는 것들이다. 아무런 상관없는 지명을 끌어오면, 원래 건물이나 지역의 개성과 부딪치고 기획도 흔들린다. 아무리 브루클린 스타일이라 해도 여기는 오사카이기 때문이다.

그래도 예외는 있다. '스파이스 모텔 오키나와'(157쪽)는 남캘리포니아를 의식한 작업인데, 실제로 오키나와는 미국령이었고 기후가 남캘리포니아와 유사하다. 어느 정도 필연성이 있는 셈이다. 하지만 전혀 맥락 없이 지명만 갖다 붙이는 '○○○ 스타일'은 쉽게 질리고 위험하다. 지역과 주변 건물에 어울리는 기획이 오래도록 사랑받을 수 있다.

타깃을 좁혀
상품의 개성을 드러낸다

건설사나 개발회사가 개발하는 주택도 타깃은 있을 것이다. 하지만 '30대 부부에 4인 가족, 연 수입 600만 엔' 정도로 타깃을 잡으면 최대공약수가 되고 만다. 한 동에 300세대까지 되는 고층 아파트는 타깃을 너무 좁히면 안 팔린다고 생각하기 때문이다.

그렇지만 우리가 하는 리노베이션은 건물 한 동에 호수도 그렇게 많지 않다. 타깃을 한정해도 그 정도의 위험은 없다. 오히려 타깃을 좁혀 개성을 드러내지 않으면 고객들에게 발견되지 않을 위험이 생긴다. 광고 물량도 완전히 다르다. 신축 아파트라면 전철이나 역사에 대대적인 벽면광고를 내걸지만, 리노베이션 물건은 광고비를 많이 할당할 수 없으므로 상품 자체의 개성을 더하는 데 집중한다.

타깃에서
벗어나지 않는다

타깃을 자세히 설정해두면 기획부터 설계, 시공, 판매까지 흔들림 없이 나아갈 수 있다. 건물의 모습은 혼자 의지로 결정되는 것이 아니라, 단계마다 설계자, 영업자, 소유주 등 다양한 사람이 관계한다. 이들은 각자의 입장과 캐릭터에 따라 우선시하는 사항이나 취향이 다르다. 특히 최종 결정권을 가진 소유주의 말 한마디에도 건물이 확 바뀌는 경우가 비일비재한데, 대부분은 근거가 없다.

'소유주의 취향'처럼 밑도 끝도 없는 의견이 나중에 들어와 상품의 방향이 흔들리면 매력이 떨어지고, 급기야 프로젝트 진행이 지체된다. 입주자 모집에도 끝내는 악영향을 미친다. 설계 단계에서 뜬금없는 의견이 튀어나와도 "이렇게 타깃을 설정하면 주방 상판은 스테인리스를 써야 합니다."라고 주저 없이 말할 수 있을 만큼 타깃의 이미지를 명확히 해두어야 한다. 그리고 일단 타깃을 정하면 흔들려서는 안 된다. 소유주의 취향도 봉인하고, 입주자 모집 광고까지 관철하도록 한다.

2. 단독주택 편 — '싱글 라이프'를 위한 주거

나 홀로 가구는
모든 세대에 분포한다

몇 년 전에 1인 가구를 위한 판매용 물건을 기획한 적이 있다. 그때 품었던 문제의식은 도시지역에서 압도적 다수인 1인 가구에 알맞은 주거가 적다는 것이었다. 아트앤크래프트의 주요 사업이 개인주택 리노베이션이긴 하지만, 커플 고객이 가장 많고 그다음은 아이가 있는 가정이다. 오사카시의 통계를 보더라도 가장 많은 '나 홀로' 세대는 가히 압도적이다.

1인 가구는 젊은이나 노인층이 많을 것이라는 인식과 달리, 모든 세대에 분포한다. 그중에는 연봉 500만~600만 엔의 싱글 여성처럼 주택시장에서 완전히 배제된 계층도 있다. 엄연히 존재하는 수요층임에도 이들에게 적합한 물건이 시장에는 없다는 얘기다. 이러한 배경으로 탄생한 것이 '싱글 라이프'다.

'싱글 라이프'는 중고 부동산을 매입해 기획과 설계, 시공, 판매까지 하는 프로젝트로서, 2014년부터 매년 한두 채씩 실행하고 있다. 주로 '방 2, 주방 겸 식당'(50㎡ 내외)이 있는 물건을 개보수하고, 지역은 한정해서 다니마치(谷町)나 우에혼마치, 혹은 우쓰보공원 주변에 집중한다. 모두 업무지역에서 조금 떨어져 있고, 도심이지만 녹지가 있고 차분한 동네들이다.

사례① 신마치 주택 - 신혼부부용 주택을 '싱글 라이프' 물건으로

'싱글 라이프' 첫 번째 작업은 신마치(新町) 주택이었다(161, 180 쪽 참조). 2009년 아트앤크래프트의 소식지에 '싱글 라이프를 상상한다'라는 칼럼을 쓸 기회가 있었는데, 그때 50㎡인 원룸을 이상적인 1인 주거 공간으로 선언하고 다음과 같이 구체적인 이미지를 그렸다.

"현관 옆에는 신발을 벗지 않아도 되는 워크인 클로젯, 그 옆으로 커다란 거울이 있는 세면대와 화장실, 다리를 뻗을 수 있는 욕조, 그리고 간소하지만 길이 2m 이상인 주방. 가능한 면적 32㎡ 안에 침실 겸용의 거실, 주방, 식사공간이 있고, 더블베드, 소파, 식탁을 놓는 것이 가능한 집."

이 칼럼에 대한 반응이 상당히 좋아서, 그 뒤에 1인 가구를 위한 리노베이션 세미나, 개별 상담을 잇달아 열었다. 또한 1인 주거에 관

'싱글 라이프'의 이미지 스케치

심 있는 이들의 연령, 직업, 수입 등 여러 데이터도 쌓을 수 있었다.

사람들은 일단 '좁은' 원룸을 선호하지 않았다. 원룸 이상이라면 '방 2개, 주방 겸 식당'이 있고 방 하나는 다다미방이 일반적이다. 그러면 대개 미닫이문부터 떼내고 다다미방에 카펫을 깔고 산다. 이런 사람들은 아무래도 바삐 살면 일부러 중고 주택을 구입해서, 협의를 거듭해가며, 자신만의 공간으로 꾸밀 생각까지는 못 한다. 세미나에 올 정도로 집에 관심이 있지만, 시간 때문에 엄두를 못 내고 그냥저냥 지금 집에 살다 보니 모두 5년이 훌쩍 넘었다고 했다.

그래서 먼저 오사카시 중심부의 아파트 한 채(약 60㎡)를 리노베이션해 보기로 하고, 칼럼에서 제시한 이미지를 평면 계획에 반영했다. 오롯이 혼자서 마음 편히 지낼 수 있는 공간, 침대란 침실이 아닌 거실 한편에 있을 수도 있는 널찍한 원룸 말이다.

신마치 주택. 거실 한편에 침대를 두는 60㎡ 남짓의 원룸 주택.

평면 계획 — 신마치 주택

(before)

기존 건물에 대한 평가

■ 물건에 대해

· 북향 건물이지만 T자형 도로에 면해 내부가 답답하지 않고 밝다.
· 소규모 아파트로 호화롭지는 않지만 철제 난간 등의 부자재가 훌륭하다.
· 공간이 중첩되는 평면구조를 구상해 볼 수 있다.
· 몇 년 전에 대대적인 수리를 해서 청결하다.

■ 입지에 대해

· 도보 10분 이내에 혼마치(本町)역, 아와자(阿波座)역, 요쓰바시(四ツ橋)역이
  있어 접근성이 뛰어나다.
· 주변 환경이 번화하지 않고 차분해서 거주 환경으로 무난하다.

Arts&Crafts

Price

1,900만 엔대 예정

Target

- 30~40대 싱글 여성
- 도심의 일반 회사에서 일한다.
- 감수성이 높다.
- 이른바 여성적인 성향은 아니다.

Concept

혼자만의 생활 방식 제안

- 감추지 않아도 된다.
- 욕실과 주방은 재배치한다.
- 식탁 세트가 없는 생활

Promotion

싱글 라이프를 위한 현장 이벤트(총 3회)
[6월 22일]
- '중고 주택 리노베이션' 구입 편
- 부동산 탐방
[7월 중순]
- '중고 주택 리노베이션' 설계 편
- 공사 현장 견학
[9월 초순]
- 완공 후 오픈 하우스

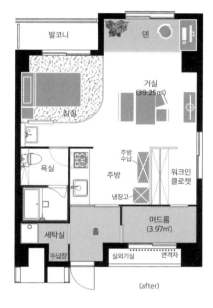

발코니 / 덴 / 거실 (39.25㎡) / 침실 / 욕실 / 주방 수납 / 주방 / 워크인 클로젯 / 냉장고 / 세탁실 / 홀 / 머드룸 (3.97㎡) / 수납장 / 실외기실 / 면적자

(after)

전용면적	58.22㎡
구조	철골철근콘크리트, 일부 철근콘크리트, 11층 건물
건축년도	1979년

Arts&Crafts

N

MB
현관　세면실
파우더룸
냉장고
주방
워크인
클로젯
PS

거실 겸 주방,
식당+침실
(22.69㎡)

TV

바닥수납

세미더블
베드

바닥수납

발코니

| 전용면적: 37.20㎡ | 발코니 면적: 5.44㎡ | 구조: 철근콘크리트 | 건축년도: 1982년 |

고카와초(粉川町) 주택. '30세 전후의 비혼 여성'을 이미지로 기획한 물건.

'싱글 라이프'로 리노베이션하기 적당한 물건은 20여 년 전에 대거 지어진 신혼부부용 주택(방 2, 주방 겸 식당)일 것이다. 실제로도 30~40대 독신자가 많이 살고 있는 집들이다. 이런 집을 1인 가구 주택으로 리노베이션한다면 임대용으로 전환하기도 좋으니, 지금이야말로 적기다.

사례② 고카와초 주택 - 30대 비혼 여성을 겨냥한 라이프스타일 주택

고카와초 주택은 오사카시 중심에 있는 아파트(약 $40m^2$)를 리노베이션한 물건이다. 여기에서는 '외국 거주 경험이 있고, 무역회사에 다니는 30세 전후의 싱글 여성'을 타깃으로 삼았다.

업무지역과의 접근성이 좋아, 거주자의 라이프스타일도 평일에는 바쁜 회사 일을 마치면 집 근처에서 저녁을 먹고 들어가는 모습으로 그렸다. 또 분양 아파트 치고는 규모가 작아 타깃의 연령을 낮추기로 했다. 대상이 젊은 층이되, 외국 유학 후에 무역회사를 다니는 직장인이라는 구체적인 인물이었다(163쪽 참조).

이러한 설정은 디테일 설계에도 반영되었다. 바닥은 신발을 벗지 않아도 실내생활이 가능하게끔 테라코타 타일로 마감하고, 주방엔 아기자기한 느낌보다는 중성적인 매력을 발산하는 스테인리스 소재를 사용했다.

실제로 이 주택을 구입한 이는 독신 여성이었다. 무역회사를 다니거나 외국에 거주한 경험은 없었지만, 우리가 그렸던 이미지에 가까웠다. 결국 명확한 타깃 설정, 타깃에 걸맞은 콘셉트, 일관성 있는 기획이야말로 상품의 매력을 확실히 전달할 수가 있는 법이다.

직업이 라이프스타일을
말해주지 않는다

근래에는 일하는 방식이 다양해졌고 사람들의 취향이나 기호를 직업만으로 분류하기가 어려워졌다. 20년 전에야 직업이 조금 독특하거나 외래어로 돼 있다면 패션도 라이프스타일도 일반 회사원과 달랐다. 그 시절의 샐러리맨은 수염을 기르지 않는다는 뚜렷한 특징이 있어 휴일에 만나도 알아볼 수 있었다. 요즘은 그런 구별이 어려워졌다. 딱딱한 회사에 다녀도 스타일은 캐주얼한 사람이 많기 때문이다. 그러니까 직업보다는 어떤 레스토랑을 즐겨 찾는지, 여행을 좋아하는지, 휴일을 어떻게 보내는지가 더 많은 생활을 말해준다. 이 점을 주목해야 타깃의 이미지를 선명하게 그리기가 수월해진다.

'싱글 라이프' 시리즈 가운데 하나인 시미즈다니(清水谷) 주택.

3. 오피스 편 ― 업무 공간의 거주성은 '쾌적함'

거주성을 높여
신축 오피스와 차별화한다

아트앤크래프트가 오피스 리노베이션에서 신경 쓰는 것은 업무 공간의 거주성이다. 다시 말해 집과 같은 수준의 거주성을 갖춘 '쾌적한 사무실'을 구현하려고 애쓴다. 세상에 나와있는 오피스 물건은 대부분 지내기가 불편한데, 특히 고층화가 추세인 요즘은 번듯한 고층일수록 임대료를 잘 받을 수 있다고 여긴다. 거주하기엔 답답하더라도 말이다. 창문도 없고 옥상에 나가기도 어려울뿐더러 내부 공간도 한결같다. 바닥은 카펫 타일에, 조명은 멋없는 형광등 일색이다.

부동산 회사에서 종종 발표하는 사무실 공실률을 보면 주요 업무시설만 집계한 것이 많다. 주요라 함은 대규모 사무실이거나, 대기업이 취급하는 물건이다. 여기에 포함되지 않는 소규모 사무실은 그 이상으로 횅해서 공실률 40퍼센트는 예사롭다. 이 정도면 임대료 인하 조치가 대책이 되지 못한다.

어차피 사무실 인테리어는 어디나 비슷하니까, 입지와 면적 기준으로 평가되는 가격경쟁이 벌어지고 만다. 게다가 조금만 오래되면 신축 물건에 밀려 도태된다. 그래서 오래된 건물이 신축 빌딩을 흉내 내도 승산이 없다. 하지만 조금 다른 물건을 만들면 얘기가 달라진다. 아트앤크래프트는 창의적인 업종의 사람들이 타깃인 경우가 많은데, 시장을 더 확장할 수 있으리라 판단한다.

　대기업에서는 필요한 책상 수부터 계산해 총무부 담당자가 물건을 찾는 경향이 있지만, 총원 열 명쯤인 소규모에서는 다르다. 물건을 찾을 때 휴게 공간을 중요하게 보기도 하고, 사무실을 자신과 동일시하는 경우도 많다. 그러니까 사람들이 공간을 어떻게 사용하는지 상상해 보면 로비에 멋들어진 소파를 놓거나, 탕비실을 풍성하게 해 줄 장치를 신경 써야 할 수도 있다. 즉 결정률을 단번에 높일 수 있는 장치를 마련해야 한다.

'옥상'은 오래된 빌딩만의 강점

　최신 오피스 빌딩은, 썩 좋은 말은 아니지만 마치 노예생활을 하는 느낌이 든다. 창문이 열리지 않고 옥상에 나가기도 어렵다. 담배는 꽉 막힌 흡연실에서나 피울 수밖에 없다. 바깥바람 한번 못 쐬고 통제된 생활을 하는 것이다. 반면 오래된 건물에는 인간적인 요소가 남아 있다. 바로 옥상이다. 쇼와(昭和)[1] 시대의 영화를 보면 꽤 큰 오피스 빌딩에도 옥상이 보인다. 옥상에서 사람들은 점심시간에 배구도 한다. 예전에 우리가 있었던 '다이비루 본관'[2]도 도시락을 먹고 산책을 하면서 옥상 공간을 제법 잘 사용했다.

1　일본의 연호. 1926~1986년.
2　다이비루(ダイビル) 부동산회사의 사옥. 2013년 지역정비사업의 일환으로 22층 오피스 빌딩을 재건축하면서, 저층부에 1925년 네오 로마네스크 양식의 기존 건물을 복원(재축)하였다. 이 과정에서 건축 자재의 80퍼센트가 다시 사용되었다.

옥상은 '쾌적한 사무실' 기획에서 상당히 중요한 공간이다. 건물을 쾌적하게 만들려면 공용부를 넓힐 수도 있지만 임대면적이 줄기 때문에 균형이 필요하다. 하지만 옥상은 원래 사용되지 않는 공간이라, 조성비를 많이 들이지 않고도 꽤 실속 있게 만들 수 있다. 식재를 적절히 해서 앉을 수 있는 자리를 만들고 조명을 설치하는 것만으로도 부가가치가 생긴다. 비용 대비 효과가 뛰어난 셈이다. 요즘 고층 건물은 관리 문제로 조성하기 꺼리는 경우가 많아, 옥상은 오래된 건물만의 강점이 될 수 있다.

사례 ③ IS 빌딩 - 옥상과 마룻바닥이 있는 '쾌적한 사무실'

1975년 건축된 지상 7층의 IS 빌딩은 '쾌적한 사무실'을 콘셉트로 리노베이션한 첫 번째 물건이다. 의뢰인은 이소이 요시미쓰(礒井純充) 씨. 롯폰기(六本木) 아카데미 힐즈를 설립하고 '마을 도서관' 운동을 여러 지역에서 펼치고 있는 인물이다. 커뮤니티형 라이브러리인 마을 도서관 1호도 IS 빌딩에 있다.

이 건물을 맡았을 때가 2007년인데, 아트앤크래프트가 개보수한 오피스로는 초기 작업에 해당한다. 당시 이소이 씨는 모친 소유의 건물을 보수하면서 한 구획 정도는 사람들이 모이는 도서관으로 만들고 싶어 했다. 그때 제안한 것이 '쾌적한 사무실'이다. 마루를 깐 바닥, 핀보드가 설치된 벽 등도 함께 고려되었는데, 모두 거주성을 향상시키고 공용부를 풍성하게 함으로써 활발한 교류가 일어나도록 하는 장치들이었다. 또 옥상 쉼터를 만드는 제안도 담았다.

'쾌적한 사무실'이라는 콘셉트는 IS 빌딩의 입지에서 비롯된 것이

1975년 건축된 7층 규모의 업무시설인 IS 빌딩. 공사 전 내부와 외관.

다. 건물이 들어선 곳이 모퉁이 땅인 데다가, 전면도로에 가로수들이 줄지어 서있어 주변 환경이 쾌적했다. 도로를 향해 나있는 큰 창문들로 실내도 어디나 밝았다. 한편으로 '쾌적한 사무실'은 업무시설로서 역에서 떨어져 있다는 점을 보완할 경쟁력이기도 했다.

실내 공간엔 목재를 주로 사용하고, 주택의 서재나 거실처럼 조성했다. 옥상에는 데크를 깔고 식물을 들였다. 하늘 아래서 점심을 먹을 수 있도록 나무 탁자와 벤치도 놓았다. 또 3층은 도서관으로, 회의용 테이블석 외에 가로수가 내다보이는 카운터 석도 만들었다. 건물 입주자와 도서관 회원이 공동으로 이용한다.

주변 시세보다 10퍼센트 높은 임대료에도 입주자가 쉽게 구해졌고, 주로 디자인 사무소가 많이 들어왔다. 10여 년이 지난 지금도 여전히 인기가 좋은 물건이다.

커뮤니케이션을
만들어내는 공용부

IS 빌딩은 이른바 공유 사무실은 아니지만 입주자들 사이에 생겨나는 유대 관계를 중요하게 고려한 물건이다. 도서관, 옥상 공간과 함께 공용 탕비실은 오피스 빌딩에서 사람과 사람을 잇는 공간으로서 중요한데, 실 번호가 붙은 트레이형 식기 수납장을 마련하고 셰어하우스의 주방처럼 꾸몄더니 입주자들도 안면을 트고 서로 친해졌다고 한다. 여느 회사의 '탕비실 커뮤니케이션'이 소규모 오피스 빌딩에서도 가능하다. 특히 공용부를 넓게 둘 수 없을 때 적은 비용으

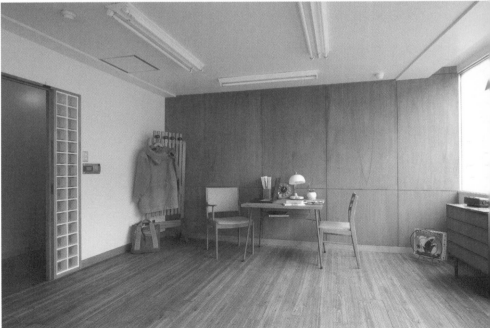

보수 후 IS 빌딩. 데크가 설치된 옥상은 입주자들의 쉼터를, 마룻바닥을 깐 사무실은 서재나 거실 같이 안락한 공간을 조성한다.

로 간단히 실현할 수 있는 방법이므로 추천할만한다.

주택이나 사무실이 아니어도, 사람과 사람의 느슨한 연결을 만드는 공간에 대한 수요는 폭넓게 잠재할 것이다. 특히 나이가 들수록 새로운 친구를 사귀기 어려운 법. 이직해서 동성 친구가 생기기까지 9개월이나 걸렸다는 이도 보았다. 우리 멤버들도 당장 셰어하우스에 살겠다는 이는 없다. 아무래도 농밀한 커뮤니케이션은 벅차다. 어느 정도 나이를 먹으면 이해관계를 떠나 새로운 교류를 시작하기는 어려운 것이다. 그렇다면 IS 빌딩처럼 소소한 대화를 촉발하는 장치로서 미니 주방 하나는 어떨까?

숙식 가능한 사무실

'쾌적한 사무실'과 비견할만한 오피스 기획으로 '숙식 가능한 사무실'도 있다. 평소 장시간 업무를 보고 사무실에서 묵기도 하는 이들을 대상으로 하는 '숙식 가능한 사무실'은 도심 오피스 빌딩의 구획 하나 정도가 적당하고, 특히 편의성이 좋지만 대로변에 있지 않은 건물의 상층부가 최적이다. 한숨 돌릴 수 있는 발코니가 있으면 거주성이 높아지므로 금상첨화다.

도심 빌딩의 1층이란 특출나지 않아도 세입자가 있기 마련이다. 하지만 2, 3층으로 올라갈수록 공실이 많아진다. 비어있는 사무실에 샤워실과 큰 주방을 넣으면 어떨까? 가족과 사는 집이 도시 외곽에 있어 매일 귀가하기 어려운 특정 계층에게 어필할 수 있다.

더할 나위 없는 입지

- · 오사카의 인기 지역 덴마바시(天満橋)와 다니마치(谷町) 4초메(丁目) 사이에 위치한다.
- · 오사카부청 등 공공기관이 집중돼 있고 관련 사업장도 많다.
- · 기타오에(北大江) 공원과 나카오에(中大江) 공원 사이에 있어 녹음이 무성하다.
- · 오사카성이 도보권에 있다.
- · 구마노(熊野) 참배길에 인접하고, 향후 지역재생 사업이 진행될 가능성이 있다.

재건축

특징 없이 주위에 잠식된 건물

- · 1975년 건물(건축년수 32년)로 향후 30년 정도 더 사용할 수 있다.
- · 외벽 등 대수선을 한 적이 있어 황폐하거나 불량해 보이지 않는다.
- · 필지가 남동향의 모퉁이라서 실내가 아주 밝다.
- · 오피스의 출입구가 좁고, 상업시설이라는 인상이 강하다.
- · 건물의 장점과 특징이 적고 주변 빌딩에 잠식돼 있다.

가격 인하

적절하지 않은 모집 임대료

- · 층별 임대면적은 142㎡(43평), 사용면적은 106㎡(32평)
- · 임대료 단가는 1,820엔/㎡(평 기준 6,000만 엔)
- · 공용관리비를 포함한 임대료는 30만 엔(평당 9,360엔)
- · 임대 시장이 호황이지만 적절한 임대료는 아니다.
- · 계약 가능한 임대료는 20만 엔(평당 6,250엔)

리노베이션

Arts&Crafts

IS 빌딩 기획 제안서

1~2인실 유닛을 기준으로 한다
· 입지 때문에 전문직이나 디자인 계열 직종에 수요가 있다.
· 임대료를 높게 책정할 수 있다. ← 공사비는 상승한다.
· 한 층에 3~4개로 실을 기획한다.
· 한 층을 5실 이상으로 나누면 너무 좁아 청결감이 없다. ← 예전의 원룸 아파트
· 3~5인실도 준비 ← 모질 유닛의 다양화로 리스크 경감 & 건물 내에서 이전하려는 수요의 대응

6,7층을 한 덩어리로 생각한다
· 두 개 층은 특별한 존재로 입주자에게 인식시킨다.
· 화장실과 탕비실을 서로 다른 층에 배치하고 우수성과 수치 이동을 유도한다.
· 입주자끼리 안면을 트고 느슨한 공동체가 생겨난다.
· 입주자들의 경속한 건물에 애착을 품고 지발적으로 소중히 사용하게 된다.
· 입주자간 협약까지 이어지면 건물의 또 다른 장점이 된다.

건물 외관보다 쾌적함을 중시한다
· 리노베이션의 순서는 소유주의 사용자의 입장이 다르다.
· 외관과 입구의 품질이 평준 이상이다.
· 내방객이 작은 소규모 사용자에게는 입구 공간의 쾌적성이 중요하다.
· 리노베이션 순서는 전용 공간 → 화장실, 주방, 욕실 → 엘리베이터홀, 계단 → 외관, 현관
· 위 내용을 예산 계획에 반영한다.

최신 기능을 추구하지 않는다
· 창건의 빌딩 리노베이션은 고가들을 중시하는 경향이다.
· 최신 건물을 따라 해도 시간이 지나면 시대에 뒤처진다.
· 다시 임주로 일 떨어진다.
· 기능보다 공간의 분위기와 디자인으로 대응한다.
· 이보다도, 노는 부분 공간을 갖추기보다 오히려 강조한다.
· 소규모 사용자가 선호할 만한 특징이 있다.

유행하는 디자인은 피한다
· 다른 빌딩과 구별되는 디자인 특징을 만든다.
· 단 최신인 정보 디자인은 몇 년이 지나면 진부해지므로 피한다.
· 너무 세련되고 디자인은 기존 부분과 위화감을 만든다.
· 증가제의 가열 과정에서 오래가는 디자인을 생각한다.
· 카위드는 자연, 독박함, 알기쉬움, 불규칙성 등이다.

증가분 분위기를 조성하는 장치
· 원목가를 바닥에 해야는 벽
· 넓고 차분한 화장실 등등이 절되는 탕비실
· 공용 전자레인지, 냉장이, 미네랄워터, 전기포트
· 점심 시간, 휴식 시간에 이용하고 싶은 욕실
· 감각적인 사이니지 디자인

Arts&Crafts

실 번호	6F		7F	
면적(㎡)　면적(3.3㎡, 평) 임대료(엔)　공용관리비(엔) 총액(엔)　단가(엔/3.3㎡)	**6A**		**7A**	
	32	6.8	23	7.0
	61,075	16,925	60,591	17,409
	78,000	11,522	78,000	11,201
	6B		**7B**	
	22	9.8	32	9.8
	81,528	24,472	81,528	24,472
	106,000	10,829	106,000	10,829
	6C		**7C**	
	26	7.8	50	15.1
	67,443	19,557	110,301	37,699
	87,000	11,122	148,000	9,815
	6D			
	22	6.6		
	61,400	16,600		
	78,000	11,747		

월 임대료 소계　　349,000엔 (6층)　　　332,000엔 (7층)
월 임대료 합계　　681,000엔 (6층 + 7층)
연간 임대료　　　　8,172,000엔

목표치 연간 임대료 수입 800만 엔

- 주변 시세보다는 임대료를 높게 설정한다.
- 건축 30년이 넘은 소규모 빌딩의 임대료 최대치
- 그 이상은 부가 서비스(비서 업무 등) 제공 필요
- 재건축한 신축 건물의 임대료와 비교해도 손색없음.
- 리노베이션 후에 가능한 임대료는 현 상태일 때보다 약 170% 증가

투자 공사비 2,400만 엔

- 예정 공사비는 대략 2,400만 엔 내외
- 기획비, 설계비, 공사 감리비를 포함한다.
- 내부 공사 1,600만 엔, 팬트리와 화장실 200만 엔
- 옥상+계단+엘리베이터+입구 400만 엔, 설계비 등 200만 엔
- 상정 임대료 X 3년 ≒ 공사비

2008년 3월 말 임대 완료가 목표

- 제시한 안에 합의해 의뢰하는 경우
- 8월 하순　　　　현장 조사(목공, 전기, 급배수)
- 9월 초순부터　　설계 협의 ①, ② → 공사 견적 → 금액 조정 → 도급 계약
- 10월 중순　　　착공, 12월 중순 준공
- 1월부터　　　　임차인 모집(아트앤크래프트 회원 대상) → 사전 방문 → 입주

Arts&Crafts

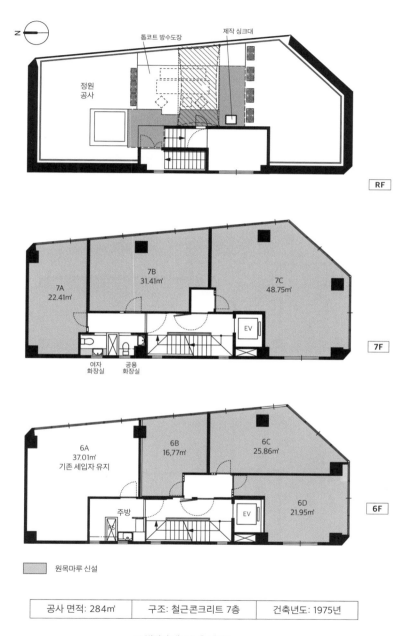

정원
공사

톱코트 방수도장

제작 싱크대

RF

7A
22.41㎡

7B
31.41㎡

7C
48.75㎡

EV

여자
화장실

공용
화장실

7F

6A
37.01㎡
기존 세입자 유지

6B
16,77㎡

6C
25.86㎡

6D
21.95㎡

주방

EV

6F

원목마루 신설

공사 면적: 284㎡	구조: 철근콘크리트 7층	건축년도: 1975년

IS 빌딩의 개보수 층 평면도

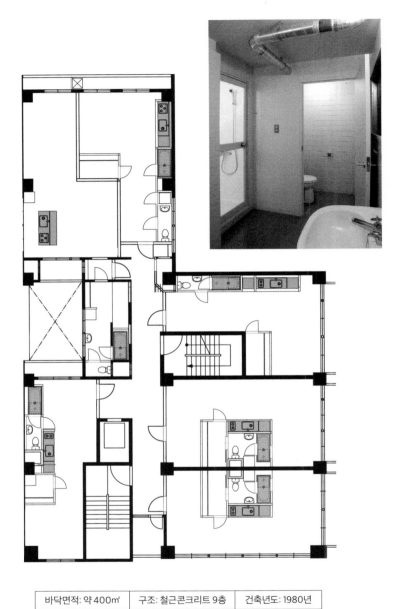

| 바닥면적: 약 400㎡ | 구조: 철근콘크리트 9층 | 건축년도: 1980년 |

도센(トウセン) 혼마치바시(本町橋) 빌딩의 3층 평면도. 구획마다 주방과 샤워룸을 설치한 '숙식 가능한 사무실'

사례④ 도센 혼마치바시 빌딩 - 주방과 샤워룸을 갖춘 오피스 물건

오사카시 중심부에 소재하는 '도센 혼마치바시 빌딩'은 1980년 건축된 지상 9층으로 2, 3층은 임대 사무실, 4층부터는 임대주택으로 쓰였다. 이 건물의 3층 전체가 공실이었는데, 개별실의 면적이 대략 50㎡ 전후이고 큰 것은 60㎡ 정도였다. 총 6구획이 각각 주방과 샤워룸을 갖춘 다목적 임대 공간으로 리노베이션되었다.

원목마루 바닥을 설치하고 표준형 위생기기를 넣어, 주택이나 사무실 모두 사용할 수 있는 중립적인 공간으로 디자인했다. 공실로 골머리를 앓고 있던 구획이 보수 후에 상당히 인기가 생겼고 '숙식 가능한 사무실'에 잠재된 수요를 가늠할 수 있었다.

주방이나 샤워기를 달 때에는 건물 등기를 확인해야 한다. 사무실로 돼 있다면 용도변경이 필요하다. 이점은 행정해석에 따라 갈리기도 하는데 오사카시에서는 욕조를 설치하면 주택, 샤워기만 달면 사무실로도 상관없다고 판단했다. 가정용 주방과 샤워기만 추가되면 업무시설로 괜찮다는 결론이다.

앞으로 일하는 방식이 점차 다양해질 것이고, 주택인지 사무실인지 판단하기 어려운 공간은 더욱 늘어날 것이다. 이런 세태를 법률이 따라잡지 못하고 있어, 현재로서는 법적으로 애매한 상황에서 시도해 보는 수밖에 없다.

도센 혼마치바시 빌딩. 가정용 주방과 샤워 공간을 갖춘 사무실.

4. 직주일체형 ─ 주거복합 건물은 직주 비율에 주목하자

주택을 사무실이나
점포로 개조한다

지금까지는 오피스의 거주성을 향상시켜 주택처럼 바꾼 사례들을 소개했다. 한편으로 주택을 점포나, 사무실을 겸한 주택으로 변경하는 경우도 있다.

용도를 바꾸는 가장 큰 목적은 임대료 인상이다. 대상은 주로 전통 연립주택과 상가주택[1]처럼 건물 형식 자체가 특정 계층에 어필하는 물건들이다. 교토 중심부의 상가주택들도 근 20년 사이에 상업시설로 바뀌면서 임대료 상승이 상당했다. 그만큼은 아니었지만 오사카는 나카자키초(中崎町), 가라호리(空堀) 부근의 전통 연립주택들이 상업공간으로 바뀌었고 동시에 거주하기엔 어려운 물건이 되고 있다.

연립주택과 상가주택은 입지에 따라서 점포로 임대하는 편이 더 나은 임대료를 기대할 수 있기 때문에 상업용 물건으로 개보수를 추천하기도 한다. 물건 용도가 바뀌면 주변에도 영향을 미치기 마련인데, 가게가 생겨나면서 지역 활성화를 도모할 수도 있고 주택가의

---

1 일명 마치야(町家)는 점포와 주거가 결합된 도시형 상가주택으로, 급격한 도시화가 진행되던 17, 18세기 교토와 오사카를 중심으로 먼저 등장했다. 주로 2층 목조 건물이 많고, 건물의 전면 폭이 좁고 깊이가 깊다.

| 바닥면적: 105.9㎡ (1F 64.1㎡, 2F 41.8㎡) | 구조: 목조 2층 | 건축년도: 미상 |

스미노에(住之江) 주택. 넓은 탁자를 배치한 1층은 사무실이나 작업실로도 사용할 수 있다.

밤길을 밝히는 불빛들이 안전과 방범 효과도 낳을 수 있다.

사례⑤ 스미노에 주택 - 작업실이 딸린 직주일체형 주택

스미노에 주택은 1930년대 초기에 지어진 목조 연립주택으로, 유사한 주택들이 많이 남아 있는 오사카시 스미노에구에 소재한다. 100㎡ 남짓한 건물의 1층은 사무실이나 작업실로도 쓸 수 있게끔 오픈 플랜[1]으로 기획했고 2층은 다다미방 구조를 그대로 보존했다.

남길 수 있는 곳은 최대한 남기자는 것이 전통 연립주택을 보수할 때 아트앤크래프트의 방침인데, 청결해야 하는 화장실과 욕실만큼은 전체를 새롭게 한다. 스미노에 주택도 1층 평면은 크게 바뀌었지만, 오래된 창호를 철저히 재사용하고 옛날 교창과 기둥도 그대로 남겼다.

이러한 방침을 소유주는 이해하고 받아들였다. 인근의 물건들도 여느 소유주들처럼 적당히 보수해 임대하거나 아파트로 재건축해왔고, 얼마간은 좋았지만 점차 입주율이 떨어지면서 임대료를 내릴 수밖에 없는 악순환에 빠진 참이었기 때문이다.

보수 후에는 임대료를 10만 3천 엔으로 책정했고, 주택으로 적정선이다 보니 곧바로 입주자가 나섰다. 결혼을 앞둔 예비부부였는데 한 명은 의상 디자이너였다. 집에서도 일할 수 있는 공간을 원했던 터라, 오픈 플랜의 넓은 거실을 마음에 쏙 들어 했다. 전통 연립주택을 리노베이션한 물건은 대부분 임대계약이 금방 성사된다. 흔치 않은

---

1 open floor plan. 벽이나 칸막이가 없는 공간 구조

데다가 애호가가 많아서다. 반면 시장에 나와 있는 물건은 내부를 신자재로 뒤덮었거나 제대로 손질되지 않은 것들이 많다. 옛 건물의 운치를 잘 남기면서 청결함과 거주성을 개선하는 리노베이션이 시장에서 환영받을 수밖에 없는 이유다.

모든 타입을 똑같이 할까, 다른 타입을 만들어야 할까

주택이든 사무실이든 한 건물 안에 구획을 나누는 일은 흔히 있다. 이때 어려운 점이 하나의 타입이 좋을지, 다양한 타입이 나을지를 판단하는 것이다. 만드는 입장에서는 같은 타입이 일하기에 편하다. 판매나 모집은 변주가 있는 편이 유리하다. 인간은 세 가지 선택

히가시오사카(東大阪) 주택. 평면 구성이 같은 전통 연립주택 세 채를 한꺼번에 보수한 사례

지를 받으면 자신에게 선택권이 있다고 느낀다지 않은가. 부동산 물건도 고를 수 있게 하면 결정률을 높일 수 있다. 토방이 있는지 마루를 깔았는지, 주방이 넓은지 좁은지 등 작은 차이라도 해당된다.

또 오피스 빌딩의 경우엔 면적 구성에 변형을 줄 것을 추천한다. 작은 사무실을 쓰다가 조금 비좁아지면 한 건물에서 넓은 곳으로 옮길 수 있기 때문이다. 앞서 소개한 IS 빌딩도 면적이 20~70㎡ 정도로 차이가 있는데, 건물 내에서 계속 이사하는 입주자가 있다.

사례⑥ 히가시오사카 주택 - 삼인삼색 리노베이션

히가시오사카 주택은 전통 연립주택 3채를 한꺼번에 임대용 물건으로 리노베이션한 사례다. 세대별 면적이 같고(약 45㎡) 평면배치와 사양이 동일했으나, 손상 정도와 설비 상태, 개조 내용들이 상이했다. 때문에 존치할 부분과 교체해야 할 부분을 각각 달리 할 필요가 있었다.

북측 세대는 지붕 골조를 드러낸 '천장 높은 집'으로, 천장을 트면서 실링팬을 달았다. 상태가 양호했던 가운데 세대는 기존 마감을 고스란히 살렸고, 남측 세대는 들어서자마자 있는 넓은 토방과 주방이 특징적이다.

타깃은 평범한 아파트에 질려 개성 있는 물건을 찾는 커플이나 젊은 부부였다. 정원이 있고 반려동물이 가능하다는 '흔치 않은 조건'을 내세우니, 모집하자마자 임대가 끝났다. 세 집 가운데 두 집은 커플이 입주했고 그 중 한 곳에서 반려동물을 키운다. 주방이 넓은 집에는 요리를 즐겨 하는 여성이 입주했다.

북측 바닥면적: 45.33㎡

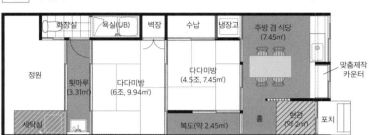

중앙 바닥면적: 45.33㎡

남측 바닥면적: 45.33㎡

| 구조: 단층 목조 | 건축년도: 미상 |

히가시오사카 주택 평면도

5. 응용 편 ① — DIY 희망자를 타깃으로 한다

DIY 희망자는
의외로 많다

대부분 임대주택은 입주자가 바뀌는 시점에 소유주 부담으로 원상복구 공사를 시행한다. 이때 들어가는 비용이 보통 3.3㎡당 20만~30만 엔 정도다. 그러니까 주방 겸 식당이 있는 방 2개짜리 집을 200만 엔에 수리하자고 하면 일단 반응이 갈린다. 개인 소유주는 그렇게 싸냐고 하고, 일반적인 임대업자는 그렇게나 많이 드냐고 할 것이다.

그렇다면 입주자 입장은 어떨까? 비닐 벽지 하나 발라놓고 20만 엔, 30만 엔이라고 하면 어이없어하지 않을까? 차라리 그 돈으로 '내가 하면 훨씬 낫겠다'고 할지 모른다. 자신의 공간을 스스로 만들고 싶어 하는 욕구는 확실히 있다. '셋집은 내 맘대로 할 수가 없다'며 주택을 구입해 리노베이션을 하려는 사람도 많으니 말이다. 이들을 위한 제안이 다음에 이어진다.

사례 ⑦ APartMENT - 입주자에게 제공하는 '자재 + DIY' 옵션

앞서 1장에서도 소개된 APartMENT에는 입주자 맞춤형인 구획이 두 군데 있다. 이 기획은 온라인 건자재 상점 toolbox와의 협업으로

온라인 건자재 상점 toolbox의 쇼룸. 여기에서 최대 50만 엔 상당의 자재를 선택할 수 있는 권한이 입주자에게 주어진다.

진행되었다(74쪽 참조).

입주자에게는 toolbox의 내장재를 최대 50만 엔어치 사용할 수 있는 권한이 주어지고, 자신의 취향대로 자재를 골라 인테리어를 직접 바꿀 수 있도록 한다. 물건의 초기 상태가 바닥 경우엔 합판 마감이라, 입주하면서 마루판을 깔 수 있다. 벽은 아무런 존치물이 없는 상태로 페인트 칠이나 선반 달기도 가능하다. 여기서 toolbox의 상품을 이용한 변경은 퇴거할 때 원상 복구를 하지 않는다. 그리고 다음 입주자가 들어오면 그 상태에서 입주자 맞춤형 보수가 진행된다.

원목마루나 모르타르 바닥은 초기 비용이 다소 들기 마련이지만 궁극적으로는 원상 복구에 드는 비용을 절감할 수 있다. 원목마루는 표면을 깎아내면 말끔해지고, 다음 입주자가 그대로 사용하는 경우도 많다. 원목재의 얼룩은 개의치 않는 사람이 많기 때문이다. 벽지는 입주자가 바뀔 때마다 다시 바르0는 것이 보통이지만 페인트라면 그렇게 번번이 칠할 필요가 없다. 리노베이션 물건이 관리 비용은 의외로 많이 들지 않는다.

6. 응용 편② — 입주자의 이미지를 명확히 그린다

입주자에 따라
물건의 가치가 바뀐다

건물의 특징과 매력은 하드웨어에 국한되지 않는다. 1층에 어떤 카페가 들어와 있는지, 사무실에 어떤 업종이 입주했는지만으로도 건물의 색깔이 만들어진다.

아트앤크래프트에서는 이른바 크리에이티브 계층을 타깃으로 기획하는 일이 많다. 디자인 사무실이나 스튜디오, 식사와 공간을 엄선한 음식점, 라이프스타일 편집숍 등 공간에 대한 감수성이 높은 입주자는 리노베이션 물건과 상성이 좋다. 또 입주자들의 감각이 다시 건물의 가치를 높여주기 때문이다.

크리에이티브 계층을 입주자로 끌어들이기 위한 공간을 일부러 구성하기도 한다. 고객 미팅을 할 수 있는 카페를 유치하거나, 기분 좋게 편히 쉴 수 있는 장소를 따로 마련한다.

좋은 취향를 가진 입주자가 들어오면 그다음에는 이미 형성된 분위기와 조화로운 입주자가 들어오면서 선순환을 만든다. 때문에 맨 처음 입주자가 아주 중요하다. 신청한 사람을 무조건 받는 것이 아니라, 설정한 콘셉트에 어긋나면 거절하는 용기도 필요하다.

물론 타깃은 다양하게 설정될 수 있다. 최종적으로 입주자 구성을 완료했을 때, 그 공간을 찾아오는 사람들에게 즐거움을 주면 된다. 예를 들어 카레 가게만 모아놓은 '카레 빌딩'도 있음 직하다. 카레 가게는 냄새 때문에 일반 구획보다는 지하층에 몰아넣는 경우가 많았다. 최근에는 향신료를 고수하는 카레 가게도 늘고 있으므로 라멘 골목처럼 모여서 상승효과가 생길지도 모른다.

사례⑧ 신사쿠라가와 빌딩 - 입주자 구성이 다양하면 건물이 풍요로워진다

1958년생 모더니즘 건축을 리노베이션한 '신사쿠라가와 빌딩'에는 다양한 업종이 들어와 있다. 사진 스튜디오, 음식점, 스낵바, 금붕어 전문점, 플라워숍, 반사요법 살롱, 크리에이터 스쿨, 커피숍, 그릇 가게 등이 1, 2층에 있다(63, 86쪽 참조).

대부분 오사카R부동산을 통해 공모한 입주자들이다. 아트앤크래프트에서 직접 유치한 곳은 없다. 다만 어떤 일을 하는지, 빌딩 콘셉트에 적합한지 확인하고, 입주자 구성의 균형을 맞추기 위해 업종이 겹치지 않도록 조정했다.

참고로 1층에는 가바초(がばちょ)라는 심야 주점이 있었다. 주로 미나미 지역에서 밤일을 하는 사람들이 단골인데, 업계에서는 가바초가 아주 유명해서 '가바초 빌딩'이라 불릴 정도다. 분명 새로 들어온 입주자들과는 어울리지 않았지만 가바초가 있는 편이 좋다고 생각한다. 지역의 역사와 맥락에 뿌리내린 매력은 세련되고 생기 있는 입주자만으로는 생겨날 수 없는 법이다. 건물의 다면적인 매력은 그렇게 우러난다.

신사쿠라가와 빌딩에는 플라워숍(위), 음식점(아래) 등 다양한 업종이 입주해 있다.

[소유주 취재기] 부동산 상속자에서 공간 운영자가 되기까지
- 쓰루미 인쇄소의 쓰루미 도모코

아버지에게
물려받은 인쇄소

'쓰루미 인쇄소'(71쪽 참조)는 소규모 사무실, 공방, 점포, 작업실, 모임 공간이 혼재하는 복합시설이다. 여기에는 커피 로스팅, 꽃장식, 실크스크린 인쇄, 목공예, 금속 액세서리 세공, 영상 편집, 사진 촬영, 보타이 디자인, 스포츠 웨어 디자인 등 물건을 만드는 다양한 이들이 입주해 있다.

JR 노선이 가까이 지나고 주변 환경이 조용한 편이 아니라서, 소음 문제로 거부당하기 쉬운 업종에도 임대한다. 바닥재와 벽체 색깔도 입주자 취향대로 마음껏 바꿀 수 있다보니, 오늘도 한 입주자는 DIY로 바닥을 깔고 있다. 스튜디오나 강의실로 사용하는 '강당'과 2개 층을 관통하는 공용부도 풍성하다. 나는 이 건물 전체를 관리하면서, 여기서 열리는 중고장터나 워크숍을 기획하고 진행한다.

원래는 나의 증조할아버지가 전쟁 후에 설립한 인쇄공장이었는데 닛카위스키의 라벨 등을 인쇄했었다. 1층은 시원하게 넓은 공간에 인쇄기가 늘어선 공장이었고 2층은 많은 사람들이 다 함께 사는 주택이었다. 한창때는 증조부모, 조부모, 조부모의 형제, 아버지와 아버지 형제들, 더부살이하는 사람을 포함해 20명 남짓이 살았고, 저

쓰루미 도모코(鶴見知子). 제조업체에 근무하다가 치료사로 활동. 부친으로부터 물려받은 '쓰루미 인쇄'를 폐업하고 인쇄 공장 건물을 복합문화공간으로 리노베이션해 직접 운영하고 있다.

녁식사를 삼번제로 할 만큼 대식구였다. 교바시 역에 가깝고 주변이 주택가지만 최근에 와서야 그렇게 되었고, 예전에는 공업지대였다고 한다. 쓰루미 인쇄 뒤편으로 다른 인쇄소가 더 있었고 이웃에 주물공장도 있었다. 근처에 벽돌 공장과 건재상은 아직도 남아 있다.

철이 들 무렵, 이곳은 '할아버지네'였다. 하이델베르크라는 검고 윤이 나는 인쇄기가 어린 나에게는 무서운 대상이었다. 열네 살이 되고나서 이쪽으로 이사를 왔는데, 낡은 건물이 온갖 짐으로 어수선해서 그때도 별로였다. 추억이 많이 어린 곳이지만, 가까이 있다 보니 좋은 줄 모르고 줄곧 지냈다. 그러다 나중에 나는 병을 도색하는 회사에 취직했는데, 공교롭게도 닛카에 병을 납품하는 회사였다. 아버지는 라벨을 납품하는 곳에, 내가 다니던 회사도 병을 납품하니 '인

연'인 것만 같았다.

이윽고 다니던 회사가 문을 닫자, 나는 전부터 관심 있던 치료사가 되려고 공부를 시작했다. 그즈음 아버지가 쓰러졌다. 그때가 2015년. 아버지와 공장장은 이미 직원을 상당히 줄이고 있었고, 인쇄업은 속도와 저가 경쟁을 앞세우는 터라 그 속에서 다툴 체력은 없다고 판단했다. 나는 인쇄소를 물려받으며 업을 접었다.

부동산보다 공간을
만드는 사람이 되자

폐업을 하기는 했지만 인쇄소를 어찌해야 할지, 아버지를 보살피며 어떻게 잘 살 수 있을지로 고민이 가득했다. 사람들로부터 이런저런 제안을 많이 받았는데 제일 먼저가 임대용 주택으로 재건축해 운영하라는 것이었다. A사는 "저렴하게 목조로 지으면, 나중에 사업을 변경하더라도 쉽게 철거할 수 있습니다."라고 했다. 건물을 소비재처럼 보는 제안이 나는 전혀 끌리지 않았다.

또 B사의 제안은 1인 가구의 원룸주택(층당 약 14세대)이었는데 이웃끼리 얼굴도 모르고 지내겠다 싶었다. 도무지 흥미가 생기질 않았다. C사로부터는 은퇴 세대나 딩크족을 위해 세대별 면적을 키우고 임대료도 높이자는 안을 받았다(3층 12세대). 고소득자를 대상으로 하는 제안이라 타깃이 명확하고 부가가치가 높았지만, 그도 썩 내키지 않았다. 누군가와 사회적 관계를 맺는 것이 임대료뿐이라니, 납득이 가지 않아서였다.

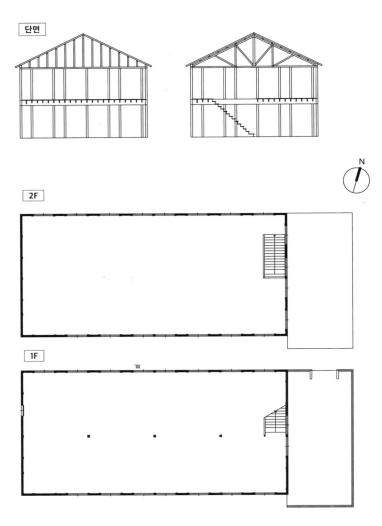

쓰루미 인쇄소의 보수 전 평면도

그렇다고는 해도 무엇을 하면 좋을지, 좀처럼 아이디어가 떠오르지 않았다. 2016년 2월경, 우연히 쓰루미 인쇄의 앞날을 상담했던 한 건설회사로부터 제안 하나를 받았는데, 제2 공장에서 문화행사를 열고 싶다는 것이었다. 사전에 다 같이 공장을 둘러보며 공장장의 이야기를 듣는 시간을 가졌고, 그때 사람들은 저마다 한마디씩 거들며 내가 쉽게 봐왔던 것을 가치있게 평가해주었다. "이 책상 좀 봐! 느낌이 너무 좋아." "어디에 쓰이는 공구야?" "정말 근사하다."

결국 쓰루미 인쇄소가 행사의 주인공으로 정해졌다. 행사가 열리는 동안, 어둡고 지저분하던 1950년대생 철골조 건물은 아주 따뜻하고 즐거운 공간으로 바뀌었다. 하루 방문객이 6백여 명에 이르렀다. 나는 그 경험 덕분에 소유한 건물을 기반으로 사회에 환원할 수 있는 무언가를 생각하기 시작했다. 또 최적의 방법으로 리노베이션을 선택했다.

전문가에게
의뢰하다

'리노베이션을 하려면 상담 한 번 받아보라'며 지인들이 추천하던 아트앤크래프트에 2016년 11월쯤 메일을 보냈다. 리노베이션 회사들은 주택을 많이 하는데, 회사 홈페이지를 둘러보니 APartMENT, 제니야혼포 본관 등 큰 건물들도 취급해 믿을 만했다.

어드바이저 한 명이 곧바로 방문했고, "건물의 잠재력이 확 와닿아 너무 흥분했습니다."라는 뜨거운 메시지와 꼭 함께하고 싶다는

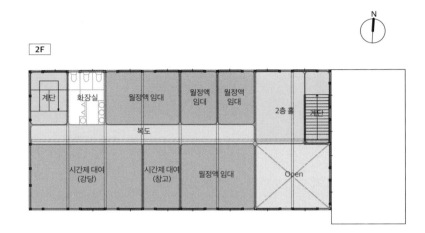

2F

계단	화장실	월정액 임대	월정액 임대	월정액 임대	2층 홀	계단

복도

시간제 대여 (강당)	시간제 대여 (창고)	월정액 임대	Open

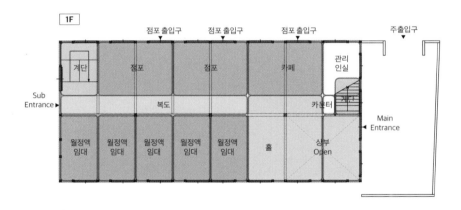

1F

점포 출입구　　점포 출입구　　점포 출입구　　주출입구

계단	점포	점포	카페	관리 인실

Sub Entrance ▶

복도　　　　　　　　　　카운터　　계단

월정액 임대	월정액 임대	월정액 임대	월정액 임대	월정액 임대	홀	상부 Open

Main Entrance

쓰루미 인쇄소의 개보수안(B안). 점포와 임대공간의 면적이 크지만 공용부가 작다.

메일을 보내왔다. 다른 멤버들도 같이 봐야겠다며 설계담당과 홍보담당도 찾아왔다. 그때만 해도 하고 싶은 것이 막연했던 터라 구체적인 요구사항을 전하지는 못했다.

먼저 아트앤크래프트가 건물의 상황분석을 토대로 제안했다. 첫 제안은 지금보다 많은 사무실과 교류공간으로 리노베이션하자는 것이었다. 또 향후 10년간 현 상태를 유지하며 고정자산세[1]를 내는 경우와 제대로 투자해 리노베이션할 경우, 각각의 수익성을 비교하고 유사한 사례도 보여줬다. 나는 이미지를 상상하며 '이 방향이면 괜찮겠다'는 생각이 들었고 2017년 4월, 정식으로 리노베이션을 의뢰했다.

설계란 '하고 싶은 것'의
이미지를 굳히는 과정

그때부터 나는 코칭을 받기 시작했다. 건축사이자 '하우징 코치'인 한 명이 쓰루미 인쇄소를 어떤 장소로 만들고 싶은지 그릴 수 있게 도와주었다. 그가 던지는 질문에 답하면서 점차 이미지가 명확해졌다. 물건을 만드는 사람이 사용하면 좋겠다, 학교를 만들고 싶다, 1층은 북적이지만 2층은 조용하게 등등.

한편으로 2017년 11월 착공할 때까지 반년 동안은 월 2회 정도 회의를 거듭했다. 공간, 기술, 경영 면에서 컨설팅을 하는 이에게 어

---

1 부동산 보유세에 해당한다.

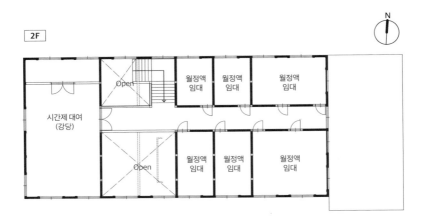

| 바닥면적: 414.87㎡ (1F: 226.48㎡, 2F: 188.39㎡) | 구조: 2층 목조 | 건축년도: 미상 |

쓰루미 인쇄소의 최종안(울트라 D안). 2층 대공간(강당)의 목조 트러스 구조와 월정액 임대와 시간제 대여 공간을 분리하는 '열린 공간' 구조가 특징적이다.

떻게든 내 생각을 계속 전달했다. "시간제 대여 공간을 다른 데로 옮길 수 있나요? 테라피 교실이 쓸 텐데, 위에서 발소리가 울리면 곤란해요." 또 카페테리아를 유치하기보다 모임 장소로 대여하고, 1일 점장제로 운영하자는 얘기도 했다. 유동성 있게 운영하고 싶으니 고민해달라는 요청과 함께 말이다.

결국 내 희망이 전부 담긴 최종안이 나왔다. 그 안을 나는 '울트라 D안'이라 명명했다. 2층 강당과 사무실(월정액 임대) 구획을 구름다리 복도가 잇는 플랜이었는데, 공용 공간의 입체감이 느껴졌다. 내 마음에 드는 곳을 걷는 상상을 하자니 몹시도 두근거렸다. 또한 개별실(월정액 임대, 시간제 대여, 판매 등)은 독립적이면서도 전체와 조화로웠다.

관리는 제가
직접 하겠습니다

우리는 계획을 검토하면서 관리 운영도 함께 고려했다. "관리회사를 들일 건가요?"라고 초기부터 심심찮게 들었는데, 남한테 관리를 맡기고 임대료만 꼬박꼬박 받는 것으로는 성에 차지 않을 거 같았다. 나는 입주자들과 소통하면서 '사는 공간'을 함께 만들어가고 싶은 사람이었다.

그래서 "관리는 제가 직접 하겠습니다.《도레미 하우스》[1]의 교

---

1 1980년대 도쿄의 허름한 아파트를 배경으로 펼쳐지는 코믹 로맨스 만화. 원작명은 00《메종 잇코쿠(一刻)》, 한국에서는《도레미 하우스》로 출간되었다.

1980년 시작된 연재물 《도레미 하우스》

코 씨처럼요."라고 말했더니 설계담당이 얼굴이 빨개지도록 웃었다. '그의 바이블도《도레미 하우스》였다니!' 설계자와 마음이 통했다는 사실에 또 한 번 나의 상상이 그대로 펼쳐지는 것만 같았다.

실제로 입주자가 들어오면서 꿈꾸던 일상이 실현되었다. 나는 《도레미 하우스》의 관리인 교코 씨처럼 청소하고 여기저기 보살핀다. 또 입주민들의 도움도 받는다. 공용 자전거 한 대를 마련하자고 제안하니, 어떤 이가 자기 집에 있는 것을 내놓겠다고 하지 않겠는가! 그러자 다른 이가 자차로 자전거를 운반하고 타이어 공기주입기를 제공하겠다며 나섰다. 이렇게 즐거운 느낌과 뜻이 오가는 상황은 집주인으로서 무척 기쁘다.

희망자 쇄도! 경이로운 속도로 채워지는 공간

모집을 시작한 지 한 달 만에 11구획 중 6구획의 입주자가 결정되었다. 오사카R부동산의 담당자는 너무 순조롭다고 했다. '절반만 해도 1년은 걸리겠거니'하며 느긋하게 있었는데 뜻밖이었다. 내 마음대로 꾸민 공간을 좋아하는지도 궁금했다. 따뜻한 분위기, 조용하고 차분함, 그리고 새것과 오래된 것이 공존한다는 점에 사람들은 공감했다. 새로 시작하는 이를 응원한다는 의도에도 많이들 호응해 주니 정말로 감사할 따름이다.

관리 업무도 처음이고 입주 희망자를 심사해 본 적도 없는 내게 "이럴 때는 거절해도 돼요"라며 내 생각을 헤아리는 R부동산 담당자의 조언은 많은 도움이 되었다. 돌이켜보면 그때나 지금이나 대출을 늘려 8층짜리 아파트를 짓는 계획은 도무지 현실적이지 않다. 무리한 투자보다는 7~8년 차에 사업비를 회수할 수 있는 아트앤크래프트의 계획이 적절하다고 나는 생각한다.

2016년 문화 행사에서 경영이념을 묻는 이가 있었다. 나는 이것저것 찾아보다 액자 하나를 발견하고는 그만 울고 말았는데, 거기엔 쓰루미 인쇄의 사훈이 적혀 있었다. '손익에 따라 행동하면 인간으로서의 존엄성을 잃는다.' 증조부가 사업을 일으킨 것도 전쟁때 소실된 공장으로 어려움을 겪던 사람들의 부탁에서 비롯되었다고 한다. 나도 그 정신을 이어받아 이 사회에 이바지하며 살고 싶다. 지금부터는 입주자들과 협력하여 사람과 사회에 관계하는 임대업의 모습을 찾아가야 하지 않을까.

보수 후 쓰루미 인쇄소. 입주자 회의 모습.

3장 설계
― 디자인 콘셉트의
일관성을 유지한다

1. 일관된 콘셉트로 구석구석 편안하게 설계한다

설계는 기획에서
백 퍼센트 결정된다

사실 설계는 기획 단계에서 거의 백 퍼센트 결정된다고 봐도 무방하다. 리노베이션 콘셉트와 취향에서부터 예산, 수익률, 홍보 전략까지 많은 것들이 기획에서 정해지기 때문이다. 대략적인 평면 계획도 마무리된다. 그리고 설계 단계에서 선택하는 조명이나 바닥재 하나도 반드시 기획에 근거한다.

왜 그래야 할까? 한마디로 흔들리지 않기 위해서다. 기획이 탄탄하게 서있지 않으면, 설계 단계에서 나오는 제안이나 협의 내용에 호불호를 평하다가 방침이 흔들리기 일쑤다. 더욱이 여러 관계자가 함께 세부사항을 논하는 자리에서 당장 눈앞의 색깔 하나에 온 신경을 쏟는 사람도 있다. 이전까지 결정된 내용은 잊히기 십상이다. 때문에 갑작스러운 제안에도 콘셉트가 흔들리지 않도록 기획을 되짚어보는 것이 중요하다.

기획이 탄탄하면 설계가 흔들림 없이 진행되고, 결과적으로 건물 디자인에도 논리가 선다. 특히 리노베이션의 예산, 임대 수입, 회수 연도를 계획해두면, 설계 단계에서 소유주가 갈피를 못 잡아도 바로 중심을 잡을 수 있다. "여기에 이마마한 돈을 들이면 투자금 회수가 늦어진답니다." "너무 아끼면 임대료를 제대로 받을 수 없어요."라고 말하며 되돌릴 수 있는 것이다.

남길 곳을 남겨
'리노베이션 느낌'을 만든다

리노베이션 설계란 '남길 곳'과 '고칠 곳'에 대한 판단이 따르기 마련이다. 아트앤크래프트에서는 단순히 내용연수로 판단하지는 않는다. 그보다는 조명 하나, 문손잡이 하나, 혹은 오피스 빌딩이라면 우편함 같은 작은 부분에 주목하고 콘셉트와 설계도 거기서부터 생각한다. 전체적으로 손을 대면 비용도 비용 나름이고 투자 회수시간도 늘어나기 때문에, 그대로 남길 부분과 고칠 부분의 적절한 균형을 잡아 세심하게 설계해야 한다.

소유주들은 리노베이션으로 모든 것이 깔끔해진다고 여기지만, 오래된 벽과 천장은 남기는 경우가 많다. 반면 주방과 욕실은 대개 일신한다. 청결감과 편리성은 현대인의 기준을 따라야 하기 때문이다. 다만 세면기나 변기 물탱크 정도는 재활용할 때도 있다.

항간에는 리노베이션 물건이라며 광고하는데 너무 번드르르하게 탈바꿈해 실망스럽기 짝이 없을 때도 있다. 아트앤크래프트에서는 이점에 유의하고, 원래 건물의 장점을 살리는 '리노베이션 느낌'에 대해 자주 논의한다. '리노베이션 느낌'은 원래 썼던 마감재를 사용하면 대체로 잘 살아난다. 구조나 설비를 갱신할 때에는 바닥과 벽을 아예 교체하는 경우가 많은데, 그럴 때는 창호를 살린다. 하지만 호텔이라면 소방법에 따라 방화자재를 사용해야 하므로 옛날 창호를 남기지 못한다. 마지막 방법은 가구로 '리노베이션 느낌'을 내는 것이다.

디자이너스가
실패하는 경우

화려하고 고급스러운 분위기를 연출해 비싼 물건으로 만드는 방법도 있다. 호텔 등에서 흔히 하는 방식인데, 세면기와 거울을 크게 두고 세련된 디자이너스 공간을 연출하는 것이다. 하지만 그 유효성은 원래 건물이 무엇이냐에 따라 다르다. 호화로운 리노베이션 전략이 맞지 않는 건물도 있기 때문이다. 가령 전통 연립주택의 디자이너스 리노베이션은 실패하기가 쉽다.

앞에서 소개한 이케다 주택도 소유주는 멋들어진 욕조를 넣고 싶어 했지만 그가 처음부터 그것을 원했을지는 모를 일이다. 실제로 젊은 사람들이 전통 연립주택을 미리 한번 보고나면, 원래 모습을 보존하고 싶어 한다. 오래된 전통 주택만의 고유한 느낌을 좋아해서다. 우리의 감각이 틀리지 않았음을 확신하는 것도 이 때문이다. 당시엔 전통 연립주택에 관심 있는 사람들이라면 천연 재료나 유기농을 추구하는 라이프스타일을 선호했는데, 디자이너스의 매끈한 아이템과는 그다지 상성이 좋지 않은 법이다.

최근에는 사람들의 공간 감수성이 향상되고 있고, 화려함이 아닌 희소성과 편안함에도 비용을 지불한다. 공간에 대한 가치 척도가 다양해진 셈이다. 그에 따라 리노베이션 방향성도 다양하게 받아들

여지고 있음을 느낀다.

현장에서 설계할 수 있는 감각이 있다

아트앤크래프트의 신입에게는 리노베이션을 '현장에서 생각하라'는 말을 자주 한다. 현장을 가보지 않는 설계란 책상 위의 그림에 불과하다는 것을 나 자신도 디벨로퍼로서 아파트 설계를 했을 적부터 적잖이 통감해왔다. 신축이라면 어쩔 수 없는 경우가 있다지만 다행스럽게도 리노베이션은 그럴 일이 없다.

현장에 가보면 공간 배치와 생활방식에 대한 개념이 종종 바뀔 뿐더러, 배치보다는 공간의 아늑함과 쾌적함을 추구하는 방향으로 선회한다. 빛과 바람, 조망을 느끼고 더불어 어디서 어떻게 살고 싶어 할지를 고려하며 설계하다 보면, 신체감각에 더 다가가는 공간이 생길 것이다. 2장에서 소개한 '고카와초 주택'도 베테랑 설계자가 현장에서 느끼는 일조량, 전망을 반영한 사례이다(105, 163, 183쪽 참조).

2. 설계 '기본 체크' 사항 – 인프라, 구조 · 법규를 파악한다

기획에서 설계의 역할

설계 업무는 기획 단계부터 시작한다. 기획 단계에서 설계자의 역할은 대략 다음과 같다.

① 현황 조사: 기존 건물의 인프라와 구조를 확인한다.

② 법규 검토: 관련 법규를 확인한다.

③ 기획설계: 견적을 낼 수 있는 수준까지 기본설계를 정리한다.

이 밖에도 매주 회의에서 기획 콘셉트에 대해 의견과 아이디어를 내는 등 기획에 깊숙이 관여한다.

기본 체크 ① 건물의
인프라를 확인한다

먼저 기획과 설계에 필요한 정보를 수집한다. 특히 인프라 현황을 모르면 배선 변경이나 수선 범위를 정하기 어렵고, 설계 자체가 곤란해진다. 비용도 산정할 수 없으니 초반에 꼭 확인한다.

설계담당은 먼저 설비 인프라(수도, 전기, 가스, TV, 전화, 인터넷 등)를 조사한다. 가스보일러의 연결, 전기 인입 굵기 등도 꼼꼼하게 확인한다. 가령 주택으로는 수요가 없지만 점포로 인기 물건이 될 것

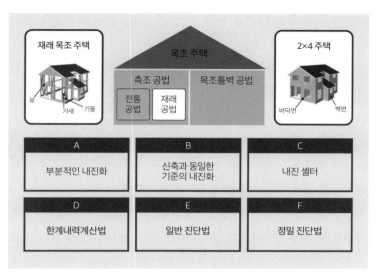

내진 보강 옵션. 대원칙은 '원래 건물보다 강도가 향상되도록 개보수' 하는 것이다.

같으면, 용도 변경할 때를 대비해 필요 인프라를 확인한다. 사무실도 구획을 세분하는 것이 낫다면, 전기와 수도를 나누어야 하므로 인입 방법과 필요한 용량을 미리 확인한다.

기본 체크 ② 내진 보강은 3단계로 검토한다

다음은 건물의 구조적인 손상을 확인한다. 육안으로 먼저 확인하고, 별도의 구조진단이 필요할 시 전문 인력과 장비를 갖춰 자세히 조사하도록 한다.

먼저 주요 구조부(벽과 바닥, 기둥, 보 등)의 손상을 위주로 확인한다. 아트앤크래프트는 한신·아와지 대지진을 겪은 건물이 많이 들어오는데, 철근콘크리트조 건물은 주요 구조부의 '전단 균열'을 꼭 점검한다. 손상이 없다면 최소한도의 내진 기준을 충족한 것으로 본다.

다음은 그에 따른 보강 대책을 정리한다. 대책은 세울수록 비용이 들기 마련이므로 '상, 중, 하' 등급으로 나눈다. 등급별 대책을 비용과 함께 일람표로 정리한 다음 소유주에게 보여주고, 소유주가 보강 대책을 선택하도록 한다. 대부분은 '중, 하' 등급을 선택하는데, 많은 경우가 공실을 해결하려는 절박한 상황이다 보니 구조에 그다지 돈을 들일 수 없기 때문이다. 따라서 지붕재를 기와에서 금속으로 바꿔 경량화하는 방법, 바닥판의 면내 강성을 높이는 방법도 동시에 고려한다. 실제로 향상되는 내진 성능을 수치로 나타낼 수는 없지만 어느 정도는 보완책이 된다.

건물을 보수할 때는 구조적인 강도가 원래 보다 향상되는 것이 원칙이다. 안정성이 우려되면 '여기는 제대로 고치자'며 소유주를 설득할 필요도 있다. 모쪼록 주어진 예산 안에서 타협점을 찾고 최대한 모든 대책을 세워야 한다.

기본 체크 ③ 공동주택의
슬래브 두께를 확인한다

공동주택인 경우는 슬래브 두께, 즉 바닥 콘크리트의 두께를 반드시 확인한다. 층간 소음은 곧잘 분쟁의 원인이 되기 때문이다. 방음 규정이 있는 공동주택이 슬래브 두께가 150mm 이하라면 마룻바닥을 권장하지 않는다. 그때는 카펫 등 방음 규정에 걸리지 않는 마감재로 사용한다.

슬래브 두께는 건축 시기보다는 주택업자에 따라 달라지는 것으로, 간혹 120mm밖에 안 되는 건물도 있다. 관리회사에서 준공도서[1]를 빌려 확인하도록 한다. 거기에는 배수도 등도 포함되니 인프라를 확인할 때 한꺼번에 확인한다. 오래된 단독주택은 준공도서가 없을 확률이 거의 백 퍼센트다. 다만 인프라가 독립적이므로, 인입 상황만 점검하면 어떻게든 일을 진행할 수는 있다. 반면 세대끼리 인프라를 공유하는 공동주택은 준공도서 확인이 중요하다.

단독주택에서 중요하게 봐야 할 것은 '누수' 여부다. 천장에 물 얼룩이 있다면 수분 측정기로 계측한 뒤, 수분을 머금었다면 현재 진행형, 말라 있으면 과거형으로 판단한다. 누수가 있는 건물은 임대 물건이 될 수 없으므로 반드시 확인한다.

기본 체크 ④ 도시계획 관련 법규를 꼼꼼하게 확인한다

계속해서 도시계획 규제와 법률, 조례를 확인한다. 요즘은 사무실로 쓰던 건물을 숙박시설로 변경하는 상담이 거의 매주 들어오는

---

1 건물의 시공 도면, 시방서, 계산서 등을 통칭하는 건축 서류

데, 이런 경우는 건물의 용도 지역을 확인해서 숙박시설이 가능한지를 알아봐야 한다. 그뿐만 아니라 용도 지역이 준방화지역, 방화지역인지도 확인한다. 방화지역 내 건물은 내화 성능이 있는 철문을 설치

1970년 건축된 낡은 호텔의 보수 전 외관과 1층 복도

해야 하기 때문이다. 또한 숙박시설은 여관업법에 규정된 방화 성능과 설비기기(화장실, 샤워기 등) 수치를 충족해야 한다. 건물 용도가 무엇이든 제안을 정리하기 전에는 관련 법률과 도시계획상의 규제를 전부 확인한다.

특히 수익성 물건은 용도 변경을 전제로 하는 일이 많아, 확인해야 할 법률과 규제도 많다. 물건의 원래 용도가 이미 포화상태이거나 수요가 없기 때문인데, 오래된 건물을 그저 깔끔하게만 해서는 부동산 경영이 어려워졌다는 방증이다. 건축확인을 신청해야 하든 아니든, 모름지기 설계나 시공에 대한 건축기준법, 조례, 소방법 등 모든 법규를 확인하고 준수하는 것은 기본 사항이다.

사례 ① 스파이스 모텔 오키나와 - 노후화된 철근콘크리트를 보수한다

오키나와를 미국이 통치하던 시절, 1970년 건축된 낡은 호텔을 전면 보수한 사례이다. 기획부터 설계, 시공까지 아트앤크래프트가 맡아 17실 규모의 모텔로 리노베이션 하였고, 2015년 재개장해 지금까지 직접 운영하고 있다.

오키나와에서는 1975년 국제 해양박람회를 개최한 적이 있는데, 그 당시 대형 호텔과 시설을 단기간에 건축하면서 염분기가 충분히 제거되지 않은 바닷모래를 자재로 사용해 문제가 되었다. 당연히 철근콘크리트 구조물은 염분에 취약하기 때문이다. 그보다 일찍 지어진 스파이스 모텔 오키나와는 대신 유지관리가 부실해 생긴 손상이 많았다. 옥상 배수관에서는 물이 샜고, 시멘트 방수층도 도막 박리가 심했다. 손상된 부분에는 방수와 도장을 더해 싹 다 보수하고, 더

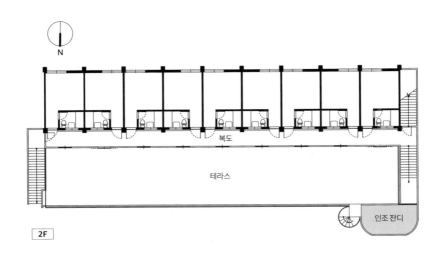

2F

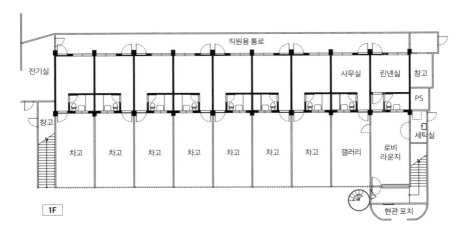

1F

바닥면적: 574.89㎡ (1F 397.28㎡, 2F 177.61㎡)	구조: 철근콘크리트 블록조	건축년도: 미상

스파이스 모텔 오키나와의 평면도

이상 나빠지지 않는 선에서 수습했다.

문제는 골조의 콘크리트가 떨어져 철근까지 드러난 부분이었다. 손상된 철근콘크리트 구조물을 전면적으로 보강하려 들면 상당히 큰일이고, 내진 보강만으로도 비용이 수천만 단위로 늘어날 수 있다. 당시에는 아라미드 섬유 시트(Aramid Fiber Sheet)를 활용했는데 손상 부분에 시트를 접착해 일체화함으로써 철근콘크리트의 성능이 월등히 개선될 수 있었다. 미국에서 개발한 제품인데 마침 현장 가까이에 시공 라이선스를 가진 회사가 있던 터라 수월하게 해결했다. 본격적인 내진 보강보다는 비용이 저렴했고 겉보기에도 깔끔해졌다.

호텔을 모텔로 보수하는 경우라 용도 변경이 없었고 법적 절차도 복잡하지 않았다. 실 배치와 설비 시스템 또한 변경 없이 그대로 유지했다. 욕실 기기는 새로 교체한 것도 있고 재활용한 것도 있다. 오키나와 지역은 주택에서도 샤워기만 쓰는 경우가 많아 욕조를 넣지는 않았다. 변기는 위생 문제로 교체되었는데 지난 반세기 동안 성능이 개선된 제품이 많았다.

반면 세면기는 40년 된 것을 재사용했다. 기능이 별로 바뀌지 않았고 청소로 말끔해지기 때문이다. 수전만 갈면 40년 전 것이라고 아무도 알아채지 못할 정도다. 사실 비용 절감이란 목적이 있었지만 옛날 것을 남겨야 '리노베이션 느낌'이 나는 법이다. 또 최신 카탈로그에서는 건축 당시의 세면기가 아예 자취를 감춘 터라, 폐기하기엔 아까웠다. 그럼에도 일정 정도 비용을 들여 교체한 것은 배관이다. 세면기는 다시 사용할 수 있는 것이지만 노후 배관은 교체하는 편이 낫기 때문이다.

보수 후 스파이스 모텔 오키나와의 외관과 2층 공용 복도.

3. 주택 편 — 배치 공식에 얽매이지 않는 거주성 설계

사례 ② 신마치 주택 - 기존 배치를 고수하지 않는다

지금부터는 설계, 디자인으로 이른바 '공간적 가치를 높이는 방법'에 대해 이어갈 것이다. 기본적으로 리노베이션에서는 기존의 공간 배치를 고수하기보다는 타깃이 되는 거주자의 라이프스타일과 하루 일과에 알맞게 공간을 재배치한다는 것이 아트앤크래프트의 생각인데, 이러한 생각이 잘 담긴 대표적인 사례가 '신마치 주택'이다.

전용면적 58.22m^2의 아파트를 넉넉한 1인 주거로 변경한 신마치 주택은 2장에서도 소개한 '싱글 라이프' 첫 번째 물건이다(100, 181쪽 참조). 가장 큰 특징은 칸막이벽을 없애고 생활공간과 수면 공간을 하나로 연결한 것인데, 그 때문에 실제 면적보다 더 넓게 느껴진다. 벽이나 칸막이 대신에 공간의 성격에 따라 바닥 소재를 달리해 변화를 둔 것이 포인트다. 거실 겸 식당에는 마룻바닥을, 침실은 카펫을 깔았다.

또한 용도를 특정하지 않은 공간들이 생활을 여유롭게 만든다. 예를 들면 창가에 마련된 덴(Den)이다. 북미 주택에 많은 덴은 서재, 취미실로 사용되는 공간으로 여기에서는 선룸, 서재, 보조 거실을 겸한 모호한 공간이 되었다. 면적은 4.97m^2, 바닥마감은 모르타르 마감이다.

그리고 흔히 뒤로하는 공간도 방처럼 꾸미고, 집안의 모든 장소를 아늑하게 조성했다. 화장실은 널찍하게 만들고, 벽지를 발랐다. 자잘한 수납 공간을 없애는 대신 대형 워크인 클로젯(walk-in closet)을 두어 몰았다. 그리고 두 방향에서 접근할 수 있도록 하고 바닥에는 마루를 깔았다.

현관 근처에는 신발장과 옷장을 겸하는 머드룸(mud room)을 두었다. 북미 주택에서는 집 안에 들어오자마자 코트를 걸어 두는 공간인데, 짐을 내려놓을 수도 있어 편리하다. 워크인 클로젯과 연결해 옷을 코디할 수도 있고, 다림질을 할 수 있는 가사실이나 세탁물을 건조시키는 실내 발코니처럼 사용할 수도 있다. 이러한 공간들은 다른 물건에서도 많이 활용되고 있다.

구조: 철근콘크리트	건축년도: 1979년	
전용면적: 58.22㎡	발코니 면적: 3.57㎡	합계: 61.79㎡

신마치 주택 평면도. 내부 칸막이를 없애는 대신 마감재를 달리해 공간의 변화를 꾀했다.

리노베이션이라면 거실, 옷장, 세면실, 탈의실처럼 정형화된 공간에서 벗어나 좀 더 자유롭게 상상할 필요가 있다. 어디서 어떻게 생활하는지를 상상하는 데서 리노베이션 설계는 시작한다.

사례③ 고카와초 주택 - 창가 벤치에서 즐기는 '싱글 라이프'

고카와초 주택은 '싱글 라이프' 다섯 번째 작업으로, 1982년 건축된 아파트(전용면적 37.2㎡)를 1인 가구용 주택으로 변경한 사례다.

기존의 공간은 햇볕이 잘 드는 발코니와 그 너머로 보이는 공원의 푸르름이 특징적이었는데, 이 특징을 살리기로 하고 창가에 작은 평상을 만들었다. 실내외 바닥에 단차가 있다 보니 자리 높이는 침대 평상에다 맞추었다(105, 180, 195쪽 참조). 발코니 벤치처럼 쓰이는 이 평상이 창가를 가장 기분 좋은 공간으로 조성한다.

고카와초 주택은 원룸 구조이고 침실 공간도 침대의 평상을 조금 넓혔을 뿐이다. 대기업 물건이라면 방 개수를 중요시하지만 '싱글 라이프'는 홀로 온전히 보낼 수 있는 공간에 초점을 맞춘 기획이기 때문에 설계에서는 방 하나 늘리는 것보다 즐길 수 있는 조망이 더 우선한다.

바닥면적: 71.86㎡	구조: 목조 2층	건축년도: 미상

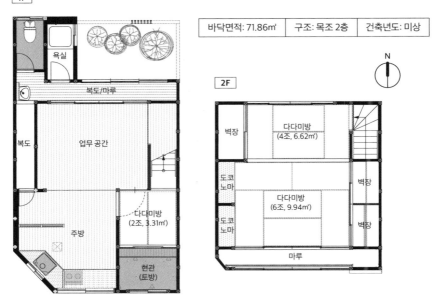

N

기타바타케(北畠) 주택. 소호 공간에 알맞는 바닥 소재로, 흠집이 잘 띄지 않는 밤나무를 사용했다.

4. 직주일체형 — 일과 주거가 양립한다

재택 업무가 가능한
주거 설계하기

요즘은 일하는 방식이 다양해지면서 취미인지 직업인지가 애매한 부업을 가진 직장인이 눈에 띈다. 자기가 만든 액세서리를 직접 인터넷에서 팔기도 하고, 카레 만들기의 달인이 되어 가게까지 내기도 한다. 그러다 어느 쪽이 본업인지 모르는 투잡 상태가 되는 사람도 많다.

아트앤크래프트는 이러한 라이프스타일에 주목하여 아틀리에나 사무실로도 사용할 수 있는 주거를 만들고, 주택에서 사적 공간과 공적 공간을 분리하는 방법도 연구한다. 특히 넓은 작업 공간, 흠집이 쉽게 나지 않는 마룻바닥, 충분한 콘센트 개수 등도 투잡 라이프스타일에 맞춰 세심하게 설계되는 것들이다.

사례④ 기타바타케 주택 - 소호를 위한 공간 디테일

기타바타케 주택은 건축년도 미상의 전통 연립주택을 1, 2기에 걸쳐 리노베이션한 사례다. 이와 유사한 주택들이 오사카시 기타바타케 지역에는 많이 남아 있는데, 소유주는 한 지역에 여러 물건을 소유하고 있었다.

일단은 주택 2채를 먼저 리노베이션해 임차인 모집을 진행해보기로 했다. 그중 한 채에 작업실이나 재택 사무실로 쓸 수 있는 토방을 마련했는데 반향이 상당했다. 완공 후에 이틀 동안 오픈 하우스를 가졌고, 예약 방문한 일곱 팀 가운데에서 바로 입주자가 정해졌다. 그 후로도 일주일 동안은 오사카R부동산을 통해 11개 팀의 문의가 이어졌다.

1기 리노베이션에 대한 반응이 괜찮은 데다가 이 같은 전통 연립주택을 사무실이나 점포로 쓰고 싶다는 요청이 있다 보니, 2기에서는 본격적으로 소호[1]를 겨냥해 기획할 수 있었다. 2기 주택에도 토방을 두었고, 1층 전체에 마루를 깔아 하나의 공간으로 구성했다. 마루바닥재는 1기에 썼던 부드러운 삼나무 대신 좀 더 단단한 밤나무로 변경했다. 특히 긁힘이나 흠집이 눈에 잘 띄지 않도록 앤티크 가공을 더했는데, 소호 이용을 염두에 둔 것이다. 또 주방은 시각적으로 분리되도록 파티션을 설치하고 콘센트도 증설했다.

라이프스타일의 개성이 드러나는 '물 사용 공간'

소호를 위한 주거는 바닥마감을 특별히 신경 써야 하듯이 세부 마감이나 설비도 마찬가지다. 특히 라이프스타일에 따라 공간 배치를 변경할 경우에 눈여겨 볼 곳은 세면 공간이다. 집에 손님을 자주

1 Small Office Home Office

초대한다면 손님용 세면 공간을 따로 둔다. 일반적인 분양 아파트는 대부분 욕실 앞에 탈의실이 있는데, 거기까지 외부인이 드나드는 것을 꺼리는 사람도 많다. 그럴 때는 손님이 드나들만한 거실이나 현관 가까이에 배치한다.

세면 공간의 위치는 아침 생활 패턴에 따라서도 달라질 수 있다. 매일 화장을 하는 사람들은 자연광이 들어오는 곳을 원하는데, 밝은 거실에 세면대를 두면 상당히 편리해진다. 또한 현관 가까이에 드레스룸과 세면대를 함께 두면, 외출할 때 빠르게 옷을 갈아입고 전체를 한번 점검해 볼 수도 있다. 이런 경우에도 세면대를 두 곳에 만든다.

사례 ⑤ 오테도리 주택 - 홈 오피스의 포인트는 세면대 위치

오테토리 주택은 2015년 9월에 출시된 '홈 오피스' 1호 물건이다. '홈 오피스'도 중고 부동산을 사들여 기획, 설계, 시공 후 판매까지 하는 아트앤크래프트 시리즈 가운데 하나다.

이 물건은 1981년 준공된 아파트(전용면적 $54.03m^2$)로, 직주 균형이 좋아 인기 지역인 덴마바시(天満橋)에 위치하고 보도권에 덴마바시 역이 있다. 타깃 대상을 커플로 삼았는데, 한 쪽을 재택근무하는 이로 상정했다. 요즘은 프리랜서나 자영업자만 아니라 자유롭게 일하는 직장인이 많아졌고, 또 일하는 방식이 다양해지면서 일과 생활의 경계도 모호해지고 있다. 다분히 이 둘을 병행할 수 있는 공간 수요를 예상한 기획이다.

일과 주거가 공존하는 거주공간의 가장 큰 특징은 현관을 들어

| 전용면적: 54.03㎡ | 발코니 면적: 7.10㎡ | 합계: 61.13㎡ |

| 구조: 13층 철근콘크리트 | 건축년도: 1981년 |

| 전용면적: 48.71㎡ | 발코니 면적: 5.40㎡ | 합계: 54.11㎡ |

| 구조: 7층 철근콘크리트 | 건축년도: 1974년 |

| 전용면적: 46.00㎡ | 발코니 면적: 6.44㎡ | 합계: 52.44㎡ |

| 구조: 11층 철근콘크리트 | 건축년도: 1978년 |

'배치 공식에 얽매이지 않는' 거주성 설계 사례. 위에서부터 오테도리 주택, 시미즈다니 주택, 기타호리에(北堀江) 주택

서자마자 드러난다. 업무 공간이 현관 바로 옆에 있고, 바닥을 모르타르로 마감하여 신발을 신은 채로 생활할 수 있다. 외부인이 사용해도 부담없는 화장실이 별도로 있다. 또한 생활공간과는 중문으로 명확히 분리된다. 중문을 지나면 안쪽으로 세면대가 바로 있고 그곳까지 자연광이 비친다. 생활공간은 식당과 침실이 하나로 이어지는 원룸 공간구조라 살기에도 편안하다. 바닥은 부드러운 원목마루로 마감해 업무 공간과 구분을 지었다.

　이러한 기획의 성공 요인은 오피스로서 적합한 입지, 2인 생활에 알맞은 규모, 그리고 사무실로 이용할 수 있는 주택이라는 점을 꼽을 수 있다.

'홈 오피스' 1호 오테도리 주택

5. 오피스 편 — 소재와 디테일이 공간의 품질을 높인다

소규모 임대 빌딩의
설계 차별화 전략

최근 도심에는 대형 오피스 빌딩이 대거 새로 들어섰는데 그 영향으로 소규모 임대 빌딩들의 공실률이 꽤나 높아졌다. 하지만 이를 극복할 만한 필승 전략도 있다. 공간의 여유가 별로 없는 임대 빌딩에도 당장 실현해볼 수 있는 아이디어로, 대규모 빌딩과의 차별화하는 방법이다.

2장에서 소개한 '쾌적한 사무실' IS 빌딩을 작업하면서 얻은 노하우인데 그 말인즉슨 바닥과 조명 시스템을 바꾸는 것이다. 세간의 사무실은 필요 이상으로 카펫 타일과 형광등이 장악하고 있다. 마루를 깔거나 맨바닥을 그대로 노출시키고, 라이팅 덕트를 달아 조명을 자유롭게 설치하도록 하는 식의 간단한 개보수만으로도 상당한 차별 효과가 생긴다. 특히 요즘은 시공이 간편한 마룻바닥재가 훨씬 많아졌다.

예산과 공간에 여유가 있다면 공용부를 충실히 조성하는 것도 방법이 된다. 평범한 건물일수록 효과적이고 입주율도 쉽게 오른다. 가령 로비가 있다면 근사한 소파 하나를 놓고, 탕비실은 청결하고 기분 좋은 공간으로 만드는 것이다. 또 옥상이 있다면 벤치와 식물을 들여 사람이 모이는 장소로 만들어 보자.

디테일 디자인에는
훅이 있다

오래된 건물에서는 사소한 디테일 디자인이 입주자를 끌어들이는 훅(hook)이 된다. 우리도 건물의 난간, 창호, 타일 등 매력적인 요소가 있으면 중요하게 다루는데, 디자인 사무실이나 스튜디오, 스타일을 고집하는 음식점이 타깃인 기획에서는 더욱 효과적이다. 감각이 예민한 사람일수록 디테일의 매력을 빠르게 알아채는 법. 엘리베이터 홀에 정성스럽게 깔린 바닥 타일을 보고 탄성을 보낼 것이다. 그런 레이더에 걸려 입주까지 한다면 성공이다. 감각 있는 입주자가 건물의 가치를 높이는 이유다.

훅이 될 만한 디테일이 없을 때는 새로 만들기도 한다. IS 빌딩의 공동 우편함은 그냥 사용해도 별문제가 없는 스테인리스 소재였는데, 아까움을 무릅쓰고 목재로 교체한 것이다. 건물의 얼굴인 현관에서 보여줄 개성이었기 때문이다.

사례⑥ 제니야혼포 본관 - 디테일이 있는 고급스러움 살리기

'제니야혼포 본관'은 특급열차 긴테쓰(近鉄)가 개통하면서 생긴 터미널역과 더불어 번성했던 우에혼마치에 1960년 건축된 업무용 빌딩이다. 식품회사의 사무실과 창고로 쓰였고, 주거 기능도 있었지만 '음식'을 테마로 사람들이 모이면 좋겠다는 소유주의 강한 바람에 따라 복합 임대 빌딩으로 재생된 사례다. 먼저 1층에는 소유주의 음식점이 들어가고 원래 있던 사무실 기능은 2층으로 자리를 옮겼다. 3층엔 크리에이터 대상의 임대 사무실이, 4층은 각종 행사가 열리는 소유주의 다목적 살롱과 테라스로 구성되었다.

또한 모퉁이 땅에 있다 보니 매력적인 외관이 돋보이는 건물이었다. 철강과 타일로 마감된 벽에, 중후한 창문과 창살의 기하학적 구성이 조화로웠다. 뿐만 아니라 목재가 덧붙은 철재 계단, 창고 특유의 투박한 창호, 콘크리트 벽과 천장에 살아있는 거푸집 무늬도 좋았다. 이 모든 요소들을 최대한 남기기로 했다.

한편 낡은 부분을 보존한 리노베이션은 자칫하면 싸구려가 되기 쉽다. 제니야혼포 본관은, 특히 1층 카페와 갤러리, 4층 살롱은 소유주의 취향과 시장 감각이 녹아있는 가구들이 분위기를 주도하면서 전체적으로 고급스럽고 차분한 공간이 되었다.

아트앤크래프트는 4층의 입주 모집을 맡았는데 설계사무소, 디자인사무실, 요가 교실, 사진 스튜디오 등이 모였다. 실 면적이 다양해

제니야혼포 본관의 외관.

(10㎡~94㎡) 회사가 성장하면 다들 한 건물에서 옮기고 싶어 한다. 1층은 원래 카페로 임대할 계획이었으나 소유주가 직영하고 있고, 시간이 지나 그 옆의 갤러리도 운영한다. 4층 살롱도 소유주의 요리 교실과 강좌가 성황리에 진행되고 있으니, 운영에 대한 소유주의 열의가 남다른 물건이다.

보수 후 제니야혼포 본관. 옥상 테라스와 다목적 살롱.

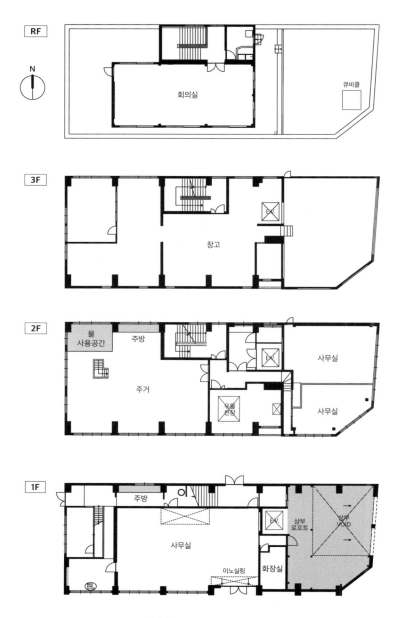

제니야혼포 본관의 보수 전 평면도

제니야혼포 본관의 보수 후 평면도

바닥면적: 1,070.13㎡	구조: 철근콘크리트(일부 철골조) 4층	건축년도: 1960년

바닥면적	A구획	B구획	각층 합계
2F	38.61㎡	46.50㎡	85.11㎡
1F	43.31㎡	50.39㎡	93.70㎡
구획 합계	81.92㎡	96.89㎡	178.81㎡

구조: 목조 2층

건축년도: 1961년

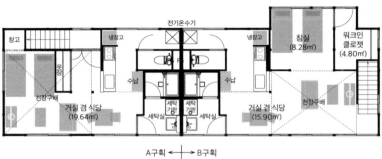

2F

A구획 ←｜→ B구획

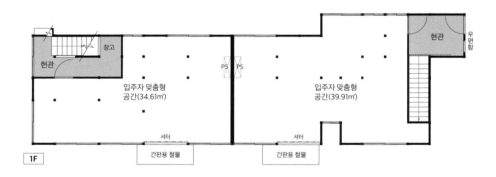

1F

W 장(莊). 1층은 구조 보강, 설비 인입까지만 공사해 입주자 맞춤형 DIY가 가능하다. 2층은 즉시 거주할 수 있는 상태로 완공되었다.

6. 응용 편 — DIY 물건의 설계

사례 ⑦ W 장 - 인프라는 임대인, 보수는 임차인이 맡는다

마지막 사례는 의도적으로 '설계'하지 않은 사례다. 1961년 목조로 건축된 W 장은 욕실, 화장실, 주방을 공동 사용하는 학생 아파트였는데, 이를 '주차장과 마당'이 딸린 아틀리에 겸용의 주거로 리노베이션한 물건이다.

오사카 교외의 모 대학 근처에 소재하는 W 장은 오랫동안 전체가 공실 상태였다. 부근의 학생용 임대물건이 이미 포화 상태였기 때문에 다시 학생용으로 보수한들 승산이 없어 보였다. 대신 주위에 주차공간이 넉넉하다는 장점을 내세우기로 했다. 총 8호를 과감하게 두 구획으로 나누고, 아틀리에를 겸한 주거로 임대할 것을 제안했다. 타깃은 물건이나 제품을 만들면서 차량 두세 대 정도는 상시로 이용하는 이들로 잡았다.

다행인 것은 오래전에 지어진 건물인데도 골조와 외벽이 아주 튼튼했고 누수와 뒤틀림이 전혀 없었다. 새로 올린 지붕도 상태가 양호했다. 결국 용도별로 리노베이션 범위를 다르게 설정하였다. 1층은 공방이나 점포로 사용할 수 있는 입주자 맞춤형(DIY) 공간으로서, 기존의 벽과 바닥, 천장을 모두 철거했다. 구조 보강과 설비 인입을 시행하되, 세대를 구획하는 경계벽까지만 세우고 바닥도 깔지 않았다. 반면 2층은 주거 공간이므로 즉시 입주해도 불편하지 않을 만큼

W 장. 2층 주거 공간과 1층 입주자 DIY 공간.

설비를 일신했으며, 천장에도 단열재를 시공했다.

보수 비용은 총 1,370만 엔이 들었는데, 여러 세대로 잘게 나누는 리노베이션과 비교하면 훨씬 저렴했다. 입주도 두 구획 모두 그곳을 거점으로 사업을 전개할 막강한 커플이 들어왔다. 입주자가 어느 정도 공간에 투자한다는 제약이 있지만, 일단 입주하면 오랫동안 거주할 가능성이 높아 안정된 수익을 기대할 수 있다.

보수 전 모습. 총 8호의 학생 주택은 넉넉한 마당과 주차공간을 갖춘 아틀리에 겸 주택으로 기획되었다.

[주택 리노베이션 레시피]

배치 공식에 얽매이지 않는 '거주성' 설계

현관 옆 머드룸. 집에 들어와 바로 짐을 내려놓거나 코트를 벗어 놓을 수 있어 편리하다. 워크인 클로젯과 연결하면 의상을 코디하거나 다림질을 할 수 있는 가사실로도 사용할 수 있다(신마치 주택 100, 161쪽).

실제보다 넓게 느껴지는 공간 배치

1. 침대 평상과 발코니 벤치를 연결하였다. 침실과 거실이 위화감없이 조화를 이룬다(고카와초 주택 105, 162쪽).
2. 거실과 업무 공간을 구분할 때는 가구를 이용한다. 공간이 넓게 느껴지고 효율적이다.

3. 현관 옆에 붙어있던 다용도실을 터서 방 하나 정도의 면적을 확보했다.
4. 칸막이벽에 창문을 내면 공간이 확장된다.

공간 구분은 느슨하게

1. 칸막이 벽체를 없애면 공간 깊숙이 자연광을 끌어들일 수 있다. 동시에 공간의 활용성도 높아진다(신마치 주택 100, 161쪽).
2. 파우더룸, 워크인 클로젯, 침실이 하나로 이어져 일상의 동선이 자유로워진다.
3. 중문을 유리 문으로 바꿈으로써 공간은 시야가 트이고 더욱 환해진다.
4. 머드룸과 이어지는 워크인 클로젯. 공간의 여유로움은 방 개수와는 무관하게 만들어진다(신마치 주택 100, 161쪽).

개방형 침실

1. 거실, 주방, 침실, 업무 공간까지 한 공간 안에 담겼다.
2. 보, 기둥 같은 구조체도 잘 이용하면 칸막이 요소가 된다.
3. 문이 없는 개방형 침실은 바닥 높이를 달리해 공간의 성격을 구분한다.

경쾌한 느낌의 현관

1. 자전거를 비롯한 다양한 야외 용품을 들여놓을 수 있는 현관의 수요는 많다.
2. 현관은 단순히 출입 기능만 있는 공간이 아니므로 여유있게 조성한다. 내벽 마감은 칠판도장.
3. 문이 열리면 공간은 놀랄 만큼 확장된다. 업무회의에도 사용되는 현관 홀.

2

3

빛이 들어오는 욕실과 파우더룸

1. 자연광이 들어오는 파우더룸은 인기가 좋다. (신마치 주택 100, 161쪽)
2. 작은 창 하나로 시야가 밝게 트인다. 3. 현관 입구에 마련된 세면공간. 홈 오피스의 간이 세면대로도 사용할 수 있다.

집 안의 미니 오피스

1. 창가의 업무공간. 판자 한 장을 걸쳐 놓기만 해도 근사한 공간이 된다.
2. 주방 옆의 미니 데스크는 편리함을 준다.
3. 거실과 발코니 사이의 아담한 서재

쾌적한 주방

1. 세면대와 주방을 하나로 잇는 디자인. 세면대는 세컨드 싱크대가 될 수 있다(크래프트 아파트먼트 10호 238쪽).
2. 스테인리스 싱크대와 목재 상판이 조합된 주방. 매끈함과 투박함이 전체 공간과 잘 어우러진다(고카와초 주택 105, 163쪽).
3. 유행하고 있는 개방형 주방이 아니다. 주방은 오히려 차분하게 집중할 수 있는 공간이 된다.

2

3

가로로부터 자연스럽게 연결되는 진입로

1. 밝고 개방적인 진입로는 주차장과 마당을 겸한다(W 장 177쪽).
2. 볕이 잘 드는 공터에 식재를 하고 벤치도 마련해, 입주자가 언제든지 사용할 수 있는 공간으로 조성한다(APartMENT 74, 127쪽).

1

2

[칼럼] 외국인 대상 호텔을 하고 싶다면

    도쿄 올림픽 개최가 결정된 2013년 무렵부터 외국인 호텔에 대한 상담이 부쩍 늘었다. 게스트하우스를 하고 싶다는 청년부터 아파트 소유주, 주택 개발업자, 그 외 다른 분야의 종사자까지 아주 다양했다. 하지만 직접 호텔을 경영하려는 건지, 호텔 사업자에게 건물을 임대하려는 건지, 도무지 생각 없이 '지금은 호텔이 대세'라며 무작정 찾아오는 사람이 많다. 분명 이런 분위기가 도시 지역의 부동산 가격 상승에도 단단히 한몫했을 것이다.

    아트앤크래프트는 오사카에서 2010년부터 숙박 사업을 하고 있고, 현재는 오키나와에도 직영 호텔이 있다. 그러니까 이 정도의 회사라면 숙박업 진출 상담부터 기획과 설계, 시공, 또 운영까지 단일 창구, 원스톱으로 대응해 줄 것이라 기대했을지 모른다. 분명 그렇게 할 수 있는 회사도 많지는 않다.

    외국 관광객이 도시에 북적이는 모습이 지금은 익숙하지만, 과연 어떠한 경위로 외국인의 일본 여행이 증가했을까? 과거 일본의 관광 정책은 세계적 수준에 비해 뒤쳐져 있었다. 아시아 허브 공항도 이미 싱가포르나 홍콩이다. 이런 상황을 헤쳐 나가기 위해 고이즈미 정권 시절에는 2004년 일본 방문 캠페인을 실시하고 관광 입국 정책으로 크게 방향을 전환한 바 있다. 2008년 국토교통성 직속 관광청이 탄생했고, 2012년 제2차 아베 정권 출범 후에는 엔화 약세, 게다가 중국인 비자를 완화하면서 단숨에 일본 방문 여행이 증가했다.

    그런데 외국인 호텔이란 것이 정말 돈벌이가 될까? 아트앤크래프

스리랑카의 대표 건축가 제프리 바와
(Geoffrey Bawa)의 별장을 재생한
부티크 호텔 '빌라 모호티(Villa Mohotti)'.
에어컨도 TV도 없지만 지금까지의
여행에서 가장 마음에 드는 곳이다.

트가 운영하는 호스텔 64 오사카(225쪽 참조)가 임대주택이었다면
어땠을까? 다다미방(6조, 9.94㎡) 하나, 욕실과 화장실은 공용인 물
건을 월 3만 엔 정도에 임대했을 것이다. 호텔로 전용하고 1박 7천 엔
에 거의 만실을 가동하고 있으니, 평균 매출만 보면 일곱 배에 육박
한다.

 월정액 주차를 시간제로 바꾸니 '매출 급증'한 느낌이랄까? 하지
만 현실은 코인 주차장처럼 정산 기계만 설치해서 될 일이 아니다.
프런트에서 손님을 맞는 리셉션 담당, 매번 시트를 갈고 객실을 관
리하는 청소원, 그리고 야간 숙직의 인건비가 들어가는 것이 호텔

이다. 게다가 예약 시스템의 수수료까지, 임대주택 경영에는 없던 업무와 비용이 필요하다.

더군다나 호텔에는 휴일이 없다. 익숙지 않은 외국인도 응대해야 한다. 또 자기 힘으로는 어쩔 수 없는 환율 변동, 국제관계와 외교에 좌우되는 상황 등 경영상 위험 요인이 많다. 사실 도호쿠 지진과 원전 폭발사고 이후에는 외국 관광객이 일본에서 사라졌고 경영적으로 크나큰 곤욕을 치렀다. 호텔업에 뛰어들면 확실히 매출이 몇 배 오른다. 하지만 쉽지만은 않다.

그럼에도 호텔을 접지 않고 계속 운영하는 것은 보람 있는 일로 느껴서다. 시설이 있는 오사카와 오키나와에 대해 다시금 공부하고, 직원들도 지역에 대한 애정을 느끼며 기꺼워한다. 또 관광업은 국가 안보로 이어지는 중요한 산업이라고 생각한다. 호텔에서 일하는 한 사람 한 사람이 외교관일지도 모른다.

앞으로는 어떻게 될까? 민박 법이 정비되고 시설 수도 계속 늘어나는데, 지금 진입하면 늦지 않을까? 외국인 방문은 앞으로도 계속 늘어날 것이다. 아시아 국가들의 경제 성장이 기대되고, 성장기에서 성숙기로 접어들어도 여행 같은 체험 소비는 계속 늘어나리라 생각한다. 2015년, 2016년처럼 호텔이 부족해 연일 만실은 아니겠고 시설끼리 경쟁도 치열하겠지만 시장 자체는 더 성장할 것이다. 유의할 점은 숙박업도 타깃이 있으므로 기획이 중요하다. 그냥 외국인이라 뭉뚱그리지 말고 어떤 지역, 어떤 기호, 어떤 연령대의 고객을 머물게 할지를 기획해야 한다. 그렇지 않으면 그저 그런 숙소로 외면받고, 그저 그런 이용자 만족도를 받는다. 부디 특징 있는 호텔이 일본에 늘어나기를 바란다.

[대담] 기획부터 판매까지 아우르는 부동산 리노베이션의 최신 동향
요시자토 히로야(SPEAC) × 도나카 모에(아트앤크래프트)

임대 물건의 부가가치는
감정과 기획력에서 달라진다

요시자토: 아트앤크래프트에서는 리노베이션 물건을 대체로 R부동산에서 임대 모집하나요? 저희 SPEAC[1] 경우는 R부동산이 다루기에 적합하지 않은 물건이 있습니다.

도나카: R부동산이 다루는 물건과는 어떤 차이가 있을까요?

요시자토: 클라이언트 차이라고 할 수 있습니다. 대개 디벨로퍼나

▶ 도나카 모에(土中萌) 1992년생. 1급 건축사. 건축학과를 졸업하고 2014년 아트앤크래프트에 입사해 홍보를 담당하고 있다. 오사카R부동산의 점장으로서 부동산의 기획, 영업 등을 한다. R부동산 제휴로 요시자토와 평소 교류가 있다.
▶ 요시자토 히로야(吉里裕也) 1972년생. 디벨로퍼를 거쳐 2003년 바바 마사타카(馬場正尊)와 도쿄R부동산을 설립. 2004년 주식회사 SPEAC를 하야시 아쓰미(林厚見)와 공동 설립해 건축, 디자인, 부동산, 마케팅 등에 이르는 포괄적인 관점에서 건축을 하고 있다. 나카타니 노보루와는 아트앤크래프트 설립 초기부터 동지.

금융사는 수치부터 요구하죠. R부동산에서 모집할라치면 시세 1만 엔(3.3㎡ 기준)인 물건을 1만5천 엔으로 임대하기는 힘들거든요. 펀드 물건은 매입가가 높아 임대가도 높게 시작합니다. 사업성 검토에서 이미 가격이 높으니 R부동산이 모집하기에 적절하지 않은 거죠.

도나카: 그런 사람들이 SPEAC를 찾는 이유가 있을 거 같습니다. 다른 곳도 상담은 가능할 텐데요.

요시자토: 의외로 가능한 곳이 없어요. 각개로 철저히 임차인을 발굴하는 영업력을 내세우는 사업자는 있지만, 우리처럼 기획력으로 물건의 가치를 높이는 데는 많지 않다고 봅니다.

도나카: 시세보다 높게 임대할 때 설계는 어떻게 달라지나요?

요시자토: 사실 거절을 많이 하고, 가치 창출할 아이디어가 나올 때만 일을 받는 것 같습니다. 완공한 지 2년 되는 시부야(渋谷)의 원룸 물건을 오피스로 변경한 적이 있는데요. 그때 한 층 전체를 단일 구획으로 정리하면서 복도 공간을 전유할 수 있단 걸 깨달았죠. 임대료가 시세보다 좀 높아도, 덤으로 생긴 복도 공간을 부가가치로 삼을 수 있습니다. 또 주택은 완화된 용적률을 적용받기 때문에 사무실로 변경하려면 바닥면적을 줄여야 합니다. 그만큼의 면적을 발코니에 보태면 전망을 즐길 수 있는 공간이 더 넓어집니다. 결국 원래 임대료가 1만6천 엔(3.3㎡ 기준), 시세 2만 엔인 물건을 3만5천 엔 정도에 임대할 수 있었습니다. 이런 물건만큼은 R부동산에서 한 건도 계약된 적이 없어요.

---

1 도쿄R부동산을 공동 운영하는 부동산 중개 회사로 개발과 재생 관련 기획, 설계 등을 병행한다. 또한 2003년 온라인을 기반으로 시작된 도쿄R부동산은 오사카R부동산을 비롯한 9개의 지역 R부동산과 제휴 관계에 있으며, 공공R부동산과 단지R부동산을 함께 운영한다.

R부동산다운
고액 물건 설계

도나카: 시부야의 오피스를 R부동산 고객 대상으로 한대도 수익률이 고려되어야 할 텐데요. 그럴 때 건자재가 바뀌기도 합니까?

요시자토: 그런 일은 있을 수 없어요. 그런데 신축 건물이라도 이른바 R부동산 느낌의 공간으로 만들려면 비용이 더 들지도 모릅니다. 그러니까 기존 공간의 매력을 살리고 시간성이 있는 소재를 사용하면서, 또 입주자 스스로 손댈 여지를 간직한 공간이라면 그렇죠. 역시 물건에 달린 겁니다.

도나카: 신축 건물을 리노베이션할 때는 설비나 건축자재로 어떤 것을 쓰십니까?

결혼용품점의 쇼룸 겸 창고로 쓰던 곳을 업무시설로 개조한 더파크렉스(The Park Rex). 철근콘크리트 골조를 솔직하게 드러낸 공간은 면적이 440㎡로 꽤 넓다. 설계: OpenA/ 니혼바시(日本橋) 바쿠로초(馬喰町)

요시자토: 카펫 타일은 그냥 둡니다. 원목마루가 R부동산에서 인기 있지만 굳이 바꾸지는 않습니다. 형광등 조명도 마찬가지인데요. 일반 사무실을 원하는 사람은 조명 색상만 달라도 어둡다고 느껴서 입주자가 필요에 따라 조명을 추가할 수 있도록만 해줍니다.

도나카: SPEAC는 클라이언트가 다양해서일까요? 아트앤크래프트에서는 잘 쓰지 않는 소재도 사용합니다. 가격대나 규모에 따라서도 공간 취향이 달라질 수 있을까요?

요시자토: 그보다는 입주자의 기호에 달려 있다고 봅니다. R부동산에서 모객할 수 있는 대상이라면 공간이 33㎡이든, 330㎡이든 취향이 달라지진 않거든요. 하지만 회사가 성장해 더 큰 공간을 찾더라도, 같은 분위기로는 구할 수 없는 것이 현실이에요. 얼마 전 한 디벨로퍼와 함께 R부동산 스타일의 오피스 물건을 하나 진행했는데 규모가 꽤 큼직했습니다. 호응이 좋았고 입주자도 바로 결정되었어요. 세상의 가치관이 성숙해진 느낌이랄까요. 그동안의 저희 호소가 시장에 확산된 것 같아 뿌듯했죠.

도나카: 비전이 보이네요. 그런 공간이 어느 지역에 가능할까요?

요시자토: 야에스는 괜찮겠지만 마루노우치라면 조금 망설일 것 같습니다.[1]

도나카: R부동산의 고객이 그렇단 뜻인가요?

요시자토: 네. 어쩌면 아닐 수도 있겠죠. 유명 IT 기업의 자회사들은 경영진이 젊은 편인데, 입지는 도심을 선호해도 공간 자체는 담백한 분위기를 원하기도 합니다. 하지만 우리 고객이라고 해서 높은 임

1 도쿄역을 중심으로 동쪽 야에스(八重洲)와 서쪽 마루노우치(丸の内)로 지역이 나뉜다. 중심 업무지구인 마루노우치에 비해 야에스는 오래된 건물이 많다.

오래된 인쇄공장을 오피스 물건으로 리노베이션한 사례. 1층에는 코어 테넌트 (core tenant) 임팩트 허브 도쿄(Impact HUB Tokyo)를 제일 먼저 유치했다.

대료를 감수하고 따라올지는 의문스럽죠. 그래서 의견조사를 많이 하는 편입니다. 아트앤크래프트는 어떤가요?

도나카: 별로 하지 않는 편인데요. 우리가 소화할 수 있는 일이 많고, 그만큼 규모 있는 일은 없어서인지도 모르겠군요.

요시자토: 신사쿠라가와 빌딩(63, 131쪽) 정도 되는 규모나 입지에서는 임대료가 과하지 않으면 무난할 것 같습니다. 하지만 고가도로 아래 텅 빈 곳에다 신축하거나 창고를 리노베이션하는 개발 사업이라면 꽤 난제가 됩니다.

도나카: 그런 경우 의견조사가 충실해야 하겠군요.

대형 물건은 코어
테넌트부터 잡아라

요시자토: 가령 철도회사가 소유한 대형 창고는 연안 지역이나 외진 곳에 있는 경우가 많아요. 그런 공간을 저희에게 기획부터 리스까지 맡아달라고 하면 의욕이 생기면서도, 동시에 사람들을 유치할 수 있을지 불안도 생깁니다. 시설 규모가 크면 구획을 넓게 할 수도, 상자처럼 작게 할 수도 있거든요.

도나카: 그럴 때 무엇부터 고려해야 할까요?

요시자토: 코어 테넌트가 중요하다고 봐요. 저희가 사업주로 운영까지 하는 사례인데, 허름한 인쇄공장을 빌려 오피스 물건으로 전면 리노베이션한 겁니다. 여기에 제일 먼저 유치한 것이 '임팩트 허브 도쿄'예요. 글로벌 코워킹 스페이스가 1층에 입주한 거죠. 사업 검토

발코니와 복도의 개방감을 살린 시부야의 한 오피스(CG). 빛과 바람이
통하는 쾌적함을 설계했다.

단계에서 때마침 임팩트 허브의 도쿄 거점을 준비하는 팀을 알았고,
상담하면서 자금 출연과 회사 설립까지 종합적으로 지원했습니다.
임팩트 허브 도쿄의 매력 덕분에 2층의 셰어 오피스 분위기도 좋아
지고, 한편으로 2층 입주자들이 주는 긍정적인 영향도 있었고요. 결
국 두 팀이 정해진 상태에서 물건을 리스했습니다.

　도나카: 소유주가 직접 하는 경우가 아니면 입주자를 사전에 유치
하는 일이 아트앤크래프트에서는 흔치 않은데요. 나머지 입주자는 R
부동산에서 모집했습니까?

요시자토: 그렇죠. R부동산에서 다루는 일이 많습니다. 예를 들어 개인 소유의 오래된 민가를 리노베이션했을 때는 R부동산의 경험치로 임대료를 먼저 상정하고, 총수입에서 역산해 공사비를 결정했습니다. 우리 경우는 5년 안에 회수하는 것을 기준으로 삼는데, 그보다 늘어나면 필히 소유주의 확인을 거칩니다. 결국 그 프로젝트는 시세 15만~16만 엔 물건을 18만 엔에 상정하고, 모집은 21만 5천 엔으로 했는데 곧바로 세 팀이 입주를 신청했어요. 이 정도로 물건과 R부동산의 상성이 딱 들어맞은 사례는 드뭅니다.

도나카: 기획에서 임대 모집까지의 과정은 아트앤크래프트가 일반적인 수익성 물건을 다룰 때와 거의 유사한 것 같습니다.

기획과 설계가
세일즈 포인트

도나카: 아트앤크래프트에서는 물건을 안내할 때 어떤 장면을 보여줄지를 상상합니다. 또 장면 장면을 기획하고 설계에 자주 반영합니다. 요시자토 씨는 어떤가요?

요시자토: 저희도 비슷한데요. 이른바 '물건 계약'이 기로에 섰을 때, 관건은 공간 자체가 가진 힘이었으면 합니다. 그러면 '공간의 힘'을 설계가 어떻게 구현할지가 중요해집니다. 아까 소개한 시부야의 물건은 양쪽으로 발코니와 공용 복도가 면해, 빛과 바람이 통하고 느낌이 상당히 좋아요. 이러한 장점을 어떻게 구현할지, 기획단계에서부터 깊이 고민합니다.

도나카: 그 점은 임대료나 신축, 리노베이션에 관계없이 공통인 것 같습니다.

요시자토: 당연합니다. 얼마 전 임대료 300만 엔 정도, 단가도 꽤 고액인 오피스 물건을 진행했는데 2층에서 보이는 뷰를 최우선으로 삼아 예산을 집중했습니다. 이럴 때 강약의 묘미가 돋보이는데요. 공간의 힘을 끌어내 어떻게 전달할지는 규모에 상관없이 중요하다고 봅니다.

도나카: 물건을 안내하는 입장에서도 특징이 필요하니까요.

요시자토: 특히 펀드 물건은 저희가 임대료와 모집 방법을 제안하고, 조언도 합니다. 리스에 훤하지 않은 곳은 담당도 불안해하거든요. 입주 희망자를 안내할 때는 어떻게 마음을 얻느냐가 중요합니다. 물건의 특성을 자신 있게 소개해야 고객도 공감하거든요. 결정도 쉬워지고요. 그래서 이런 경우엔 R부동산을 통하지 않고, 저희가 원도급업자로서 고객유치자를 선정하는 방법, 안내하는 방법을 강의하기도 합니다.

도나카: 맞습니다. 항상 모집을 염두에 둬야 하는군요.

리노베이션은 기획력 있는
설계자가 필요하다

요시자토: 네, 물론이죠. 어떤 물건이나 다를 바 없겠지만 특히 리노베이션인 경우는 맨 처음 클라이언트나 소유주에게 물건을 보여주는 자리에서 구체적인 수치, 모집까지 상정한 전체 계획을 보여줘

야 할 때가 많습니다. 그래서 잘 진행되면 설계담당이 도면화하고 소재나 마감 디테일도 비용을 감안해 완성해갑니다.

도나카: 아트앤크래프트에서는 저처럼 영업과 기획을 맡은 어드바이저, 설계를 담당하는 플래너가 2인 1조로 진행하는 경우가 많습니다.

요시자토: 방금 말한 어드바이저란 이른바 사업 기획자인데요. 필요한 기술이 꽤 폭넓습니다. 최근에야 그런 소양이 있는 설계자가 육성되는 것 같긴 합니다.

도나카: 설계담당이 영업 영역을 포용하는 것이 좋을까요?

요시자토: 저는 설계자의 직능이 더 확장되어야 한다고 생각하는데요. 그래서 6~8명 되는 설계담당에게 계약서 교환, 안내와 관리 업무도 맡깁니다. 앞으로는 건축가도 사업이나 프로세스 디자인을 포함해서 설계해 나갈 필요가 있습니다. 건물에 관련된 이상 토지, 계약에도 관련되기 때문에 그 정도는 해야 한다고 봅니다.

도나카: 설계도 살아있는 지식이 필요한 거네요.

요시자토: 설계자도 전체 그림을 꿰고 있으면 프로젝트가 합리적으로 진행될 수 있습니다.

4장 집객

— 네이밍과 사진이
　　　결정률을 좌우한다

1. 리노베이션 물건의 집객 전략

신축과 중고
사이를 노린다

리노베이션 물건은 신축 물건과는 다른 집객 전략이 필요하다. 일단 광고비를 많이 할당하지 못하므로 대중적인 홍보가 어렵기 때문이다. 신축 아파트라면 수백 호가 일제히 매물로 나오고, 그만큼 광고에도 비용을 쓸 수 있게 된다. 내가 디벨로퍼였던 버블 시기에는 모델하우스 비용까지 포함해 예산의 3퍼센트 정도가 광고홍보비로 쓰였다. 단순 계산하면 1호당 100만 엔, 100호면 1억 엔이 들어가는 셈이다. 이 비용은 물건 가격에 포함되어 최종적으로 고객이 부담하는 것이다. 최근엔 광고비를 축소하는 경향이지만 그래도 리노베이션 물건에 비하면 고액이다.

일반적인 중고 물건인 경우, 영업사원의 캐리커처가 들어간 단색 전단지가 주류다. 아무려면 천만 단위의 거래치고는 너무 허술하다. 이런 방식도 요즘은 조금 줄긴 했지만, 신축과 중고는 광고 방식에도 분명한 차이가 있다. 따라서 리노베이션 물건은 그 중간쯤을 노린다. 리노베이션 물건은 한 번에 판매, 모집하는 물건이 1호에서, 많아도 십수 호이기 때문에 공략 층을 제대로 향하는 것이 중요하다. 물론 광고비를 많이 책정하지 않아서 불특정 다수를 향하는 터미널 광고나 대량 전단 배포는 하지 않는다.

1998년 크래프트 아파트먼트 시리즈를 시작할 때는 정갈하게 인테리어를 코디하고, 사진 촬영도 전문 사진가에게 의뢰했다. 홍보물도 사진이 잘 나올만한 번듯한 종이에다 제작했다. 하지만 대중을 상대로 한 배포는 의미 없다고 생각했던 터라, 단 세 명이던 멤버가 모두 광고지를 들고 다니며 발품을 팔았다. 주변 아파트에 나눠주고, 세련된 디자이너스 주택의 우편함에도 넣고, 분위기 좋은 카페에 놔두기도 했다.

당시에는 홈페이지의 집객력이 없었기 때문에 오로지 지면을 통해서만 홍보했다. 그러고 나서 오픈 하우스를 열었는데 생각보다 훨씬 많은 사람이 모였다. 토요일, 일요일만 해서 3주 동안 3백 명 정도가 방문했었다. 반응이 좋아 그 후로도 광고 디자인은 신경 써서 제대로 하고 있다. 최근에는 인터넷이나 SNS를 활용하고 지면 광고는 생략할 때가 많다. 웹 홍보는 인쇄물을 발송하거나 우편함에 넣는 것보다 수고와 비용이 덜 하다. 디자인과 사진의 퀄리티에는 타협하지 않는데도 예전보다 훨씬 적은 비용으로 타깃층에 수월하게 접근하고 있다.

웹, 지면……
집객 도구를 가려 쓴다

아트앤크래프트가 집객에 활용하는 도구는 대략 네 가지다. 인터넷이나 SNS, 지면, 회원 조직, 잡지와 웹 매거진으로 각각 특성에 따라 다르게 사용한다.

(1) 인터넷과 SNS

현재 집객의 중심은 인터넷이다. 우리는 아트앤크래프트로 들어
오는 상담이나 문의는 일단 홈페이지를 경유하도록 한다. 그리고 문
의 내용이 자택 리노베이션인지, 부동산 컨설팅인지, 다른 무엇을 원
하는지를 먼저 체크하도록 하는데, 회원 가입 페이지에도 같은 양식
을 적용하고 있다.

웹은 시종일관 보기 편한 것을 중요시한다. 모바일 사이트를 보고
오는 사람도 꽤 많으므로 스마트폰에도 최적화한다. 홈페이지 관리
에 정답은 없다고 생각하기 때문에, 몇 년에 한 번씩 대대적으로 개편
하고 사소한 변경도 자주 한다. 그리고 홈페이지 디자인은 유행의 부
침이 있으므로 유행을 타지 않는 기본에 충실한다.

웹 홍보는 홈페이지 외에 블로그, 페이스북, 트위터를 함께 이용
한다. 현장견학이나 강좌, 새로운 서비스는 블로그에 정보를 올리는
데, 글을 저장하고 카테고리로 분류할 수 있는 블로그가 편리하다.
요컨대 홈페이지는 공식적인 기본 정보를 담고, 랜딩 페이지가 되는
블로그에는 다양한 정보를 수시로 올린다. 그것을 다시 SNS로 배포
한다.

(2) 지면

전단이나 DM이 과거에는 주요한 홍보 수단이었다. 최근에는 인
터넷이 효과적이므로, 지면에 의지하지 않아도 홍보가 가능해졌다.
우리가 광고 전단지를 만들 때는 분명 특별한 경우다. 물건이 오사
카 시내에서 조금 떨어진 곳에 있거나, 특히 많은 사람에게 물건을 소
개해야 할 때에 전단지를 제작한다. 이런 경우 회사 인지도를 높일 겸

해서 DM 업체에 배포를 의뢰한다.

전단지를 배포하는 주목적은 집객이지만, 회원 모집도 염두에 둔다. 모집 물건이 한정돼 있으니까 물건을 사지 못하는 사람이 있을 것이고, 리노베이션에 대한 관심이 있는 사람들일 테니 다른 물건으로 유도할 수도 있다. 그러니 회원 등록으로 연결고리를 만들어 둔다. 아트앤크래프트는 판매용과 개인 맞춤형의 리노베이션 양쪽을 다 하는데, 판매 물건이 수탁 물건의 모델이 되거나 홍보를 한다. 때문에 물건이 단 하나라도 광고에 공을 들인다.

(3) 회원 조직

회원에게는 일반에 앞서 물건 정보와 소식을 전한다. 메일 매거진을 보내는 대상이 약 4천~5천 명 정도인데 이 회원 조직을 우리는 소중히 여긴다. 부동산 업무는 단발성이 아니라서, 소유주와도 마치 건물 주치의처럼 교류하려 하고 기회가 될 때마다 유지 보수와 신규 물건도 상의한다. 그 편이 고객도 안심할 수 있다.

주택 건설사는 저마다 '친우회'라 부르는 회원 조직이 있다. 대부분은 모델하우스를 우연히 찾은 방문객에게 앙케트를 실시해 얻은 고객 정보를 활용하는 것이다. 그러니 전혀 '친우'가 아니다. 우리 경우는 첫 작업 크래프트 아파트먼트를 할 때부터, 진정한 의미의 팬클럽을 만든다는 생각으로 차곡차곡 유대관계를 쌓아 온 회원조직이 있다.

(4) 잡지와 웹 매거진

외부의 잡지나 웹 매거진에는 적극적으로 대응하지 않고 있다. 소식이나 큰 이벤트가 있을 때만 보도자료를 보내는 정도다. 리노베이션 사업을 오래 해서인지, 지금은 기삿감을 찾는 기자나 편집자와의 관계성이 생겨 오히려 문의를 받는 편이다.

일을 처음 시작할 무렵에는 잡지의 영향력이 꽤나 컸지만, 사람들이 잡지를 사지 않는 시대가 된 지금은 웹 매거진이 더 좋을지 모른다. 호텔 물건은 잡지에 소개되면 요즘도 효과적이고 주택 경우는 반응이 줄었다.

오사카R부동산에서 집객한다

아트앤크래프트가 하는 입주자 모집과 매매는 '오사카R부동산'을 통해서 할 때가 많다. 오사카R부동산은 2011년 도쿄R부동산과의 제휴로 시작되었는데, 리노베이션 사업을 시작하면서 오픈한 중고 물건 사이트인 AC부동산이 기반이 되었다. 처음에는 리노베이션 할만한 중고 물건을 소개하다가, 수익성 물건을 취급하면서부터는 입주자 모집도 같이 진행하고 있다.

도쿄R부동산의 멤버인 바바 마사타카, 하야시 아쓰미, 요시자토 히로야 씨와는 2003년 도쿄R부동산의 설립 초기부터 교분을 맺었다. 물건의 가치를 스펙(건축년수나 교통 편, 방 개수 등)이 아니라 '천장이 높다'거나 '전망이 좋다'는 등으로 평가한다는 점에서 도쿄R부동산이 새로웠고, 비슷한 시기에 오사카에서 '수변 부동산' 전용 사이트를 시작하려 했던 터라 내 쪽에서 먼저 연락을 취했다. 그들은 도쿄 이외의 지역에서 R부동산을 전개하려 했고, 오사카에서 R부동산을 한다면 함께하자던 것이 2011년에야 비로소 실현되었다.

　오사카R부동산을 개점하자, 개성있고 감각적인 임대 물건을 찾는 고객이 늘었고 리노베이션 물건도 우수수하고 흘러나왔다. 특히 오래된 전통 연립주택이나 레트로 빌딩, 폐공장 등 독보적인 중고 물건의 실적이 상당했다. 오사카R부동산 어드바이저(영업담당)는 고객의 니즈를 최전선에서 파악하고 있어 매물 시세에 대한 감각이 뛰어났는데, 그 덕에 부동산 컨설팅에서 적절한 임대료를 제시하는 일도 가능해졌다.

　한편, 이제는 임대나 매매 이후에 진행되는 '관리'가 더욱 더 중요해질 것이다. 입주자 커뮤니티 운영에 노하우가 있는 부동산 회사도 속속 등장할 것이다. 벽지 선택의 옵션을 제공하는 주식회사 '건강한 생활'의 아오키 준(青木純) 씨라든지, 리노베이션한 공유주택 '바우하우스'를 운영하는 오제키 상품연구소의 오제키 고지(大関耕治) 씨라든지 이 분야의 새로운 플레이어들이 이미 부상하고 있다. 나아가 관리 업무가 부가가치를 낳는 일이 되어 임대료에 반영되는 변화도 감지된다.

2. 공동주택·호텔 편 — 물건의 네이밍과 로고를 만드는 법

홍보 문구는 물건의
개성을 적확하게

다음은 물건의 캐치프레이즈에 대해 짚어볼 텐데 오사카R부동산의 집객 사례를 예시로 들기로 한다. 일단 첫 번째 승부는 물건 소개 칼럼을 읽게 만드는 데 있다. 그래서 칼럼 제목을 꽤 고심해서 짓는다. 발코니가 세일즈 포인트라면 무조건 제목에 넣는다. 입지에 특징이 있다면 지명을 포함시킨다.

특히 웹 사이트의 칼럼 제목은 최대 20글자가 제한이므로 압축적이고도 흥미를 유발할 수 있게 한다. 물건 용도와 자세한 내용은 그다음에 오는 두세 줄짜리 리드 문구에 담는다. 2장의 '쾌적한 사무실'(109쪽 참조)처럼 누구나 바랄만한 생각을 분명히 표현하는 것이 좋고, 경쟁 물건과 차별화 지점이 있는 문구가 이상적이다.

아트앤크래프트의 경합 대상은 세상의 주류가 되는 대규모 오피스와 아파트라 할 수 있다. 그래서 거기에는 없는 '편안함', '느슨함'을 호소하기도 한다. 가령 대기업을 다니다가 갓 독립한 창업자에게 고정창은 익숙하면서도 은근히 불만스러운 것이라서 제목을 이렇게 달기도 한다. "이 사무실은 창문이 열립니다."

대형 부동산 물건의 광고를 보면 결점을 잘도 얼버무린다는 생각을 종종 한다. 열리지 않는 창문은 열환경 안정과 에너지 효율로, 완전 전기화[1]는 안전성으로 대체해 설명한다. 뒤집어 생각하면 단점이 되는 특징도 많다. 리노베이션 물건을 홍보할 때는 그 의표를 찌르면 대형 물건과 차별화할 수 있을 것이다.

건물 네이밍에는
너무 신경 쓰지 않는다

집객에서는 건물의 네이밍도 중요한 포인트다. 피했으면 하는 것은 두 가지. '소유주의 성씨나 기업 이름' 그리고 '낯선 외래어'다. 흔한 예로 소유주의 이름을 넣어 '카사 ○○○'로 짓고, 그걸 또 시리즈로 만드는 것이다. 택시기사나 택배기사에게 혼란을 주는 이름은 곤란하다. 기억하기 어렵고 이름 전체를 제대로 말하기 어려우면 거주민에게도 불편하기 짝이 없다.

소유주와 관련된 이름이 붙으면 매각에도 불리하다. 그렇다고 해서 소유주가 바뀔 때마다 이름이 달라지면 혼란을 주고 하물며 명판 교체에도 상당한 비용이 든다. 자신의 이름이 타인에게는 감점 요소일 수밖에 없다. 특히 지나치게 '생소한 외래어'는 입주자를 힘들게 한다. 주소를 쓸 때 정확한 표기법도 고민거리다.

입주자의 눈높이에서는 단순하고 밋밋한 이름이 좋다. 우리는 '아파트먼트'를 자주 사용하는데 30년 전만 해도 촌스러운 이미지였다.

---

1 건물이 소모하는 최종에너지가 화석연료 대신 신재생 에너지원(태양광, 풍력 등)에 의한 전기로 대체되는 것(electrification).

야리야(鎗屋) 아파트먼트. 지상 6층, 지하 1층의 오피스 빌딩을 총 6호의 임대주택으로 전환한 사례.

'하스네(蓮根) 월드 아파트먼트'[1]를 20년 전 한 건축잡지에서 보고 좋아서 즐겨 쓰고 있다. 그 밖에 '하이츠(Heights), 장'이 단순하고 질리지 않는다. 기껏 '카사' 정도에서 자제해야 한다.

긴 호흡의 비즈니스는
유행을 좇지 않는다

부동산 물건은 매각할 때를 생각해 유행에 너무 민감해하지 않는 편이 유리하다. 버블 시기에 유행했던 포스트모던 디자인의 건물은 전용이 어려워 누구나 다루기 힘들어한다.

지금은 두루 사용되는 '소셜, 스마트'도 머지않아 낡았다는 느낌이 들 것이다. '문화'라는 말도 시대를 풍미하며 문화 아파트가 넘쳐났으나 지금은 특정한 과거를 상징하는 말이 되었다. 되도록이면 이런 단어를 피하는 것이 좋다. 부동산 물건은 지속적으로 거래가 일어나기 때문에, 멀리 내다보고 디자인과 이름을 생각해야 할 것이다.

사례 ① 야리야 아파트먼트 - 펀드 물건의 브랜딩 하기

야리야아파트먼트는 1968년에 지상 6층, 지하 1층의 철근콘크리트 구조로 지어진 의류회사 사옥이었다. 사무실, 전시장, 창고 그리고 재봉사의 숙소로 사용되었는데 2004년 건물 전체를 리노베이션

---

1 아틀리에 바우와우(Bow-Wow)와 다케우치 마사요시(竹内昌義)가 설계한 철골철근 콘크리트 구조의 공동주택. 도쿄 이타바시(板橋)구에 소재하며 1995년 완공되었다.

CONCEPT

새로 짓기가 아닌, 시대를 거슬러 올라가는 짓기

1960년대 건물을 2004년에 용도 변경하면서 '마치 신축처럼' 고칠 생각은 없었다. 오래된 건물의 장점을 한껏 끌어내기 위해서라도 새것처럼 보이려는 발상은 적절치 않다. 거꾸로 시대를 거슬러 올라가 1920~30년대 아르데코가 이후 모더니즘과 결합하던 시대성을 의식했다. '대(大) 오사카'라 불리던 활기찬 시대, 지금도 남아 있는 수많은 근대건축이 세워진 시기이기도 하다.

야리야 아파트먼트의 내부와 홍보물.

야리야 아파트먼트의 로고 디자인. 건물의 명판부터 일관된 브랜딩을 추구한 사례.

하여 총 6호의 임대주택으로 전환했다. 물건의 이름은 '지역명+아파트먼트'로 단순하게 짓고, 투자부동산으로서 가치와 신뢰성을 갖도록 로고와 웹디자인에 특히 많은 공을 들인 물건이다.

건물엔 '소유주가 알뜰히 가꾸는 작은 유럽'이라는 스토리를 담고, 디자인 콘셉트도 '1920년대 아르데코와 모더니즘의 융합'이라고 미리 잡았다. 콘셉트에 따라 다소 복고풍인 글자체가 로고로 도출되었는데, 카탈로그와 홈페이지에도 적용되었다

현관 문을 자세히 보면 문살 패턴에 로고의 일부 'YA'가 들어가 있다. 이는 로고 디자이너의 아이디어다. 명판의 소재와 레이아웃은 내가 정한 것인데 짙은 갈색과 금빛 색을 조합한 저채도 배색을 의도했다. 또 키 홀더 같은 굿즈에도 로고가 들어갔다. 이러한 일관성은 입주자 모집뿐만 아니라 매매까지 이어지며, 상품 가치를 높이기 위해 사업주의 주도로 진행되었다. 물론 몇 년 뒤에 이 물건은 투자부동산으로 매각되었다.

당시에는 리노베이션으로 부동산 펀드 물건을 기획하는 시도가 별로 없었는데, 그래서인지 사업주는 부동산 펀드에서 주목받을 수 있도록 그래픽 디자인과 홍보에 주력했던 것 같다. 다만 오래된 건물

공구회사의 사옥을 숙박시설로 전용한 '호스텔 64 오사카'. 단순한 형태의 로고, 외국인에게도 쉬운 이름으로 디자인되었다.

의 안전성이 투자자에게는 투자 위험요소이므로, 사업자에게 지식과 경험이 없으면 어려운 대상이다. 아무래도 펀드 물건은 리노베이션보다 신축이 더 많은 까닭이다.

사례② 호스텔 64 오사카 - 검색어 상위 랭크를 노린 이름 짓기

'호스텔 64 오사카'는 아트앤크래프트가 기획, 설계, 시공까지 맡아 2010년 개장한 뒤로 지금까지 직영하고 있는 사례다. 지상 4층의 철근콘크리트 건물로 1964년 완공되어 공구회사의 사무실 겸 숙소, 창고로 쓰였는데, 전체 10실 규모의 숙박시설로 전용했다.

이름을 지을 때는 아무래도 숙박시설인지라 고객 접근성을 제일 고려했다. 당시만 해도 호스텔이 많지 않았고 예약 시스템도 부실하던 시절이었다. 숙소 홈페이지를 찾아야 예약할 수 있다 보니, 사람들이 자주 찾는 검색어 '호스텔'과 '오사카'를 조합하고 1964년생 건물임을 나타내는 '64'를 둘 사이에 넣었다. 단순하고도 명쾌한 이름은 그렇게 만들어졌다.

검색 엔진에 최적화된 이름이다 보니 '오사카 호스텔'을 검색하면 한동안 최상위에 노출되었다. 하지만 몇 년 지나면 '호스텔'도 확산될 터. 별칭을 하나 더 마련하기로 하고 숫자 '64' 대신에 일본식 발음 '로쿠욘(ロクヨン)'으로도 표기했다. 영어권 손님들도 처음에는 '식스티포'라 읽다가 '로쿠욘'이 익숙해지면서 정착되었다.

그리고 사용하는 로고는 원형 로고인데 단순하고 시인성이 높은 편이다. 문양에 별다른 의미는 없지만 보기에 따라 숫자 '64'로도 보인다. UMA 디자인팜의 하라다 유마(原田祐馬) 씨에게 디자인을 맡

길 때만 해도 추상적인 느낌만 전달할 뿐, 디자인 시안을 보고는 단번에 결정했다. 고객이 한 번 보면 기억할 수 있는 이미지라 현지에서나 온라인에서나 쉽게 찾을 수 있었기 때문이다.

이 로고는 객실 티슈에도 사용되었다. 호스텔은 저렴한 숙소라는 이미지가 강한데, 타월도 추가 비용을 지불해야 하는 곳이 많고 호텔에는 객실마다 있는 티슈도 없다. 호스텔 64 오사카만큼은 다른 인상을 줄 필요가 있었다. 숙박객에게는 숍 카드 대신 포켓형 티슈를 제공하기로 하고, 로고를 넣은 정방형으로 제작해 홍보물로도 활용하고 있다. 일반적인 객실용 티슈처럼 일일이 교체하고 청소하는 수고를 덜어주기 때문에 '스파이스 모텔 오키나와'에서도 같은 방식으로 활용하고 있다.

호스텔 64 오사카의 로고를 넣은 노렌(のれん, 226쪽)과 객실용 티슈.

호스텔 64 오사카의 로비 라운지

3. 주택 편 — 라이프스타일을 이미지화하는 법

물건의 스테이징에
주력한다

부동산 물건을 판매할 때는 입주 후의 생활을 이미지화하는 것이 중요하다. 모델하우스의 코디네이션과 사진에 신경을 쓰는 것은 그 때문이다.

아트앤크래프트를 창업할 무렵, 북유럽의 주방 카탈로그를 접한 적이 있다. 당시 나는 부동산을 고르는 가치 기준이 라이프스타일로 전환되리라 보았는데, 카탈로그는 그 같은 방향을 확실히 포착하고 있었다. 디테일 사진을 비롯해 공간을 이용하는 여성과 커플을 세련되게 담은 사진이 가득했다. 주방 기기나 스펙은 한두 쪽에 요약하고 있을 뿐이었다. 일본에서는 반려견과 함께 사는 라이프스타일을 전면에 내세운 오사카 '트럭 퍼니처(TRUCK FURNITURE)'의 카탈로그가 처음일 것이다.

주택도 가구와 잡화, 패브릭을 공간에 코디해 보여줄 필요가 있다. 자신이 살 모습을 상상하고 '이런 라이프스타일을 갖고 싶다'라는 생각이 들도록 하는 것이다. 우리는 이를 '스테이징(staging)'이라 칭하고 줄곧 모델하우스에 도입해왔다.

소품을 활용해
생활 감각을 보여준다

아트앤크래프트가 기획하고 설계하는 물건은 반드시 모델하우스와 사진 촬영을 준비한다. 이때 적재적소에 소품을 배치한다. 마치 미니멀리스트처럼 물건 하나 두지 않는 공간과 달리, 우리는 물건을 차고 넘치도록 두기도 한다. 이른바 디자이너스 물건과 차별화하는 법이다. 예를 들어 '크래프트 아파트먼트' 10호에서는 타깃인 패션 디자이너의 작업 공간에 마네킹까지 두었다(194, 238쪽 참조). 작업실처럼 용도가 광범위한 공간일수록 소품을 이용해 이미지를 전달하는 것이 효과적이다.

가구나 잡화 코디는 트렌드를 파악하고 있어야 하므로, 우리 경우는 회사 내외부에 전문 인력을 두고 있다. 다만 코디네이션 총괄은 내부 인원 한 명이 맡는다. 공간마다 가구가 겹치지 않도록 조율하고, 특히 메인 컷을 촬영할 때는 다른 물건과 같은 느낌을 주지 않도록 신경쓴다. 가구를 돌려쓴다는 인상을 주면 곤란하다.

모델하우스에서는 플라스틱이나 골판지로 된 조립식 상자에 소품을 채워 침대처럼 쌓아놓고 사용할 때도 있다. 침대나 소파를 옮기는 일이 가장 큰 일이므로 공기를 주입하는 에어 베드나 소파를 쓰기도 한다. 또 예산을 절약하는 몇 가지 요령이다.

특히 임대 물건은 예산이 넉넉지 않은 경우가 많아 소유주에게 부담 지우지 않고, 콘셉트에 맞는 가구를 우리가 직접 가져가 스테이징을 해결한다. 또 스테이징은 가끔씩 변화를 준다. 가구와 잡화를 어느 정도 자체 보유하고 있어 다른 것들로 교체하고 있다. 한편

모델하우스를 보고 가구까지 통째로 구입하려는 고객이 더러 있다
보니 가구를 판매할 때도 있다.

메인 컷의 구도는
설계 단계에서 정한다

아트앤크래프트에서는 메인 컷의 구도를 설계 단계에서 미리 정한
다. 이 점은 외부에 그다지 말하고 싶지 않은 핵심 내용이기도 하다.
예를 들어 그 각도에서 온수기가 잡힐 것 같으면 조금씩 위치를 옮기
며 설계한다. 그리고 공간의 이미지와 편의성이 모두 반영된 3차원
설계를 설계담당끼리 공유한다. 이러한 방식은 공간을 만드는 단계

인물이 있는 사진은 공간에서의 생활을 구체적으로 그려볼 수 있게 하므로, 광고용으로 반드시 촬영한다.

에서도 어떤 것을 판매할지를 상상하게 하는데, 내가 영업 분야 출신이기 때문에 그런 것 같다.

사람과 디테일이 있는 사진을 준비한다

메인 컷이 되는 사진 한 장에는 다양하고도 복합적인 정보가 담겨 있다. 그럼에도 꼭 촬영하는 사진은 공간에 사람이 있는 사진이다. 그 속에 살고 있는 자신을 상상하도록 돕기 때문이다. 옷만 찍힌 사진보다는 옷을 입고 있는 모델을 보여주는 패션 사진이 이미지 전달에 훨씬 효과적인 것과 마찬가지다.

그리고 디테일 사진도 준비한다. 토글스위치, 창호, 타일 등을 근접 촬영하고, 거주자의 라이프스타일도 나타내도록 신경 써서 준비한다. 모두 메인 컷을 보완할 사진이므로 여러 장 마련한다. 미디어의 특성에 따라 8장까지 사용할 수도 있기 때문에 공간에서 생활하는 이미지를 다양하고 깊이 있게 보여주도록 한다.

웹 홍보나 광고 목적 외에 잡지 취재에 대응할 보도자료도 준비한다. 기사에 쓸 만한 사진과 글을 웬만큼 준비해 놓으면 기자도 글쓰기가 편하고, 미디어에 소개되는 내용도 어느 정도 제어할 수가 있다.

오사카시 인구의 절반가량은 1인 가구. 급증하는 1인 가구 수에 비해 1인 가구의
생활에 적합한 주택은 너무나 부족하다. 1인 가구 세대는 모두 어떤 집에 살고 있을까?
1인 가구는 앞으로 누군가와 함께 살지도, 혹은 이전에 누군가와 살았을지도 모른다.
다만 지금 혼자 산다는 핑계로 대충 살고 있지는 않은가?

"여태 이런 곳에 살고 있다니" "어떻게든 하고 싶지만 나 혼자 어떻게?"
"30대 중반, 청년 주택은 졸업하고 싶다." 싱글은 더 이상 소수가 아니다!

'싱글 라이프'를 위한 주거

OPEN HOUSE

1/22 금
1/23 토
1/24 일

기타호리에 주택

15:00~20:00(금)
12:00~15:00(토/일)

매매가 1,990만 엔(세금 포함)
전용면적 46㎡

예약없이 가능

Arts&Crafts

'싱글 라이프' 주택의 오픈 하우스 홍보물. 공간의 차분함과 고급스러움이 잘 드러나는 타일 사진을 사용했다.

[연재] 전쟁 전에 지어진 인쇄공장의 부활
제1화 건축의 기억을 이어받아

니시카와 준지(西川純司), 아트앤크래프트/오사카R부동산)

....

거대한 목조 트러스가 있는 인쇄공장.
본연의 매력을 최대한 남기며 아트앤크래프트가 리노베이션한다!
3월 말부터 임대 모집.

'오사카의 동쪽 관문'이라 불리는 교바시(京橋). 여기에 근사한 목조 트러스 건물이 현존
한다. 정확한 기록 없이 전해오는 이야기로는 초등학교 강당으로 지어졌는데, 고정자산
과세대장을 보아 최소 1939년에는 건축되었다.

목조 건축이라고는 상상하기 힘든 대공간인 2층

쓰루미 인쇄소의 입주자를 모집할 때 홈페이지에 연재한 칼럼.

크래프트 아파트먼트 7호의 욕실 사진. 탈의실과 욕실의 연결, 샤워기가 보이는 방식이 잘 담겼다.

크래프트 아파트먼트 7호의 메인 컷. 침실에서 느껴지는 공간감, 확 트인 개방감, 그리고 주변 환경의 장점까지 담았다.

사례③ 크래프트 아파트먼트 7호 - 막힘없는 공간구조를 한 컷에

'크래프트 아파트먼트'는 1998년 시작된 판매용 물건 시리즈다. 기본적으로 중고 아파트를 매입해 콘크리트 박스만 남기고 모든 것을 철거한다. 그리고 공간 콘셉트에 따라 문손잡이 하나까지 세심하게 신경쓰고 있다.

2006년 완공된 7호는 메인 컷에 이 물건의 특징인 '개방형 공간 구조'를 담았다. 침실에서 거실, 주방에 이르기까지 시선의 막힘이 없는 구도에는 발코니 너머로 공원의 풍성한 녹음이 보인다. 물건의 위치가 공원 앞이란 점을 말해준다.

한편 사진 속의 가구들은 콘셉트 '레트로 퓨처(Retro Future)'에 맞게 고른 것들이다. 레트로 퓨처는 주방에 넣으려던 서양식 독립형 가스레인지에서 착상한 것인데, 시스템키친이 많은 신축 물건과 차별화시키는 공간 콘셉트로 발전했다. 따뜻한 느낌의 타일, 세면대 위의 거울수납장, 동그스름한 텔레비전도 마찬가지다. 소파는 가구점의 숍 카드를 비치하기로 하고 무료로 대여한 것이다.

욕실 사진도 욕실과 세면 탈의실이 한 공간으로 인식되도록 의도했다. 이러한 공간의 연속성을 고려해 벽타일 붙이기와 샤워기 위치도 세심하게 디자인된 것들이다.

이 시리즈는 매번 쟁탈전이 벌어질 정도로 인기가 좋다. 그리고 새로운 물건이 출시될 때마다 '이런 집에 살고 싶다'는 개인 고객도 많아 모름지기 라이프스타일과 공간 이미지를 제안하는 아트앤크래프트 '컬렉션'이 되고 있다.

사례④ 크래프트 아파트먼트 10호 - 주방 카운터를 향해 촬영하기

2009년에 진행된 크래프트 아파트먼트 10호는 앞서 언급한 대로 타깃이 '재택근무하는 의상 디자이너'였다. 원래 공간은 현관에서 창가까지 내다보이는 기다란 구조이다 보니, 집에서 보내는 시간이 많은 거주자의 라이프스타일을 고려해 가사 동선과 작업 공간이 연결되도록 주방을 길게 배치한 것이 특징이다(194쪽 참조).

주방 카운터는 창가에 가까워 밝을 뿐만 아니라, 빨래 정리나 다른 집안일을 위한 가사 공간으로도 바뀐다. 주방 싱크대와 다용도실이 이어지는 주택은 좀처럼 없기 때문에, 촬영해야 할 사진으로 카운터를 잡기로 했다. 또한 이점을 설계 단계에서부터 염두에 두고 주방 카운터를 향한 장면 구도를 정리했다. 앵글에 잡히지 않으면 좋은 것들, 가령 주방 스위치는 싱크대 앞쪽에 달리도록 설계한 것이다.

이러한 개방형 주방은 어수선해 보이지 않도록 촬영에 신경 써야 한다. 또한 많은 것들이 노출되므로 집을 찾아오는 손님이나 외부인에게는 물론이고, 생활공간으로서도 미관과 청결감을 유지하도록 설계되어야 한다.

4. 빌딩·오피스 편 — 물건 안내 시나리오 만들기

결정률을 높일
시퀀스를 정한다

실제 영업에서는 결정률을 높이기 위한 몇 가지 팁이 있다. 고객에게 물건을 보여줄 때, 어디를 어떤 순서로 보여줄지 미리 구상하는 것이다.

2장에서 소개한 IS 빌딩이라면 마지막에 옥상을 안내한다. 주변의 거리 풍경이 한눈에 들어오는 휴게공간을 보여주고 벤치에도 한번 걸터앉는다. 그러면 고객도 잠시 쉬면서 '회사에 이런 공간이 있으면 좋겠다'라는 생각으로 도장을 찍을 것이다. 때문에 옥상 야경 사진도 빼놓지 않고 꼭 촬영해야 하는데, 밤 늦게까지 야근할 때에도 잠시 쉴 수 있는 공간이 있다는 점을 전하기 위해서다. 이런 장면 장면들이 물건에 힘을 불어넣고 결정률을 높인다.

앞으로는 VR/AR 기술이 더 발전하면 현장에 가보지 않고도 공간 체험이 가능할 것이다. 우리도 360도 카메라를 사용하기 시작했는데 VR/AR 체험은 2, 3년 내 훨씬 더 실제에 가까워질 것 같다. 부동산 사이트도 더욱 현장감 있게 바뀔 것이라 생각한다. 물론 뒤처지는 부동산 중개업자나 소유주도 있을 것이다. 좋든 나쁘든 사전에 만듦새가 공개될 텐데, 물건을 직접 보지도 않고서 이미 다 알았다는 듯 판단하는 것은 바라는 바가 아니다. 그때는 일부러 보여주지 않는

IS 빌딩의 옥상. 야근 하는 동안 한숨 돌릴 수 있는 공간

곳도 만들어야 하지 않을까?

마지막은 편안한
공용 공간으로 안내한다

신사쿠라가와 빌딩(63, 131쪽)에서는 1, 2층 공용부를 먼저 둘러
보고 난 후에 건물의 특징을 설명한다. 그러고 나서 임대사무실로 안
내한다. 마지막 코스는 역시 옥상이다. 옥상 공간은 빨래를 너는 정도
라 딱히 앉을 만한 곳이 없지만, 전망이 아주 좋아 마땅한 승부처가
된다. 또 돌아가는 길엔 1층 커피 스탠드를 들러보라고 넌지시 귀띔
한다. 입주 후의 생활을 그려볼 수 있기 때문에 결정률을 높인다.

제니야혼포 본관에서도 건물 내 다른 가게를 방문하도록 권하고
있다. APartMENT 경우는 볕이 잘 드는 마당 한 편의 작은 벤치로
안내하고 "여기서 입주자끼리 바비큐도 한답니다."라며 한마디 건넨
다. 모두 좋은 인상을 줄 마지막 승부처들이 된다(74, 127쪽 참조).

고객이 색상이나
무늬를 고민하면 성공

임대 물건은 입주자가 퇴거할 시 입주 전 상태로 '원상 복구'를 하
는 문화가 있다. 보통 소유주 쪽에서 바닥이나 벽을 이전 상태로 되
돌리고 물건을 보여주는데, 이것이 오히려 입주 가능성을 좁힌다. 기

왕 그럴 바에 고객에게 좋아하는 것으로 교체할 수 있다고 한다면 분명히 반색할 것이다. 자신에게 선택권이 있음을 알고 색상과 무늬를 고르기 시작한다면 성공이다. 앞일을 생각한다는 것은 거기에 입주할 마음이 있다는 것이다.

한편으로, 자재는 교체할 필요 없이 오래 사용할 수 있는 것을 추천한다. 보통은 불만이 생기지 않고, 시공하기가 쉽고, 흠집도 잘 나지 않는 유광 소재를 쓰는데 싸구려처럼 보인다면 역효과다. 요즘은 입주자들의 안목이 확실히 높아졌다. 그보다는 두꺼운 원목마루를 깔고 흠집이 생기면 대패질을 살짝 하는 것도 좋을 것이다. 좋은 자재를 쓰고 유지 보수하면서 계속 사용하는 편이 긴 안목으로 보아 더 싸게 먹힌다.

면적과 건축년수가 아닌
수익성으로 평가받는다

수익성 물건은 기본적으로 임대료 수입을 계속 얻는 것을 목적으로 한다. 하지만 궁극적으로 매각하는 경우도 생각해 두어야 한다. 매매할 부동산을 은행과 부동산 중개인은 어떻게 평가할까? 최고의 기준은 바로 수익성이다. 즉 지금 임대료 수입이 매월 얼마인지가 중요한 것이다. 다섯 세대밖에 없는 연립주택이 시세보다 높은 임대료에도 항상 만실을 유지한다면 좋은 평가를 받는다.

건축년도와 시세, 면적에 따라 어느 정도 평가받던 시절이 있었지만 요즘은 수익성이 중요한 시대다. 때문에 리노베이션에서는 '가격 폭락'을 막는 것이 중요해졌다. 신축 물건의 무기란 오직 '새로움' 인 데가 많은데 새로움은 유한한 것이므로, 리노베이션은 나이를 먹어도 사라지지 않는 무기를 준비해야 한다. 결국 '건물의 매력과 희소성, 지역이나 거리의 특성'에 주목해 가치를 높이는 '기획과 설계'가 리노베이션의 전략이 될 것이다.

신사 쿠라가와 빌딩의 1층 커피 스탠드

마치며

부동산 사업이나 부동산 경영에서 '성공'이란 무엇일까? 비즈니스로서 '매출과 이익'이 중요함은 더 말할 나위 없다. 부동산의 장래성, 기대되는 자산 가치, 사업의 안전성, 시의적절한 환금성, 그리고 절세효과를 중시하는 사람도 있을 것이다. 어느 쪽이든 성공과 돈은 밀접하다.

여기에 '비전'이 더해지면 어떨까? 유학생 아파트 호텔을 만들어 세계인과 문화를 교류한다든지, 한 부모 가정 아파트를 경영하면서 아이 돌봄을 지원한다든지, 또 재능 있는 건축가에게 의뢰해 후세에 남길 디자인 물건을 만드는 등. 그래서 비즈니스로서도 성공한다면 더할 나위 없이 이상적일 것이다. 다른 업종, 이를테면 요식업이나 판매업도 이 같은 비전에서 사업이 시작되지 않는가.

돈만 좇는 것보다는 근사하고, 사회적으로 존경받을지도 모른다. 지금 당장 비전이 뚜렷하지 않아도 된다. 전문성을 다지며 세상에 필요한 기획을 하는 동안 함께할 뜻있는 사업주가 늘어도 좋을 것이다. 남과 다른 길을 가기 위해서는 용기가 필요하지만, 앞으로의 부동산 사업은 개성이 없으면 하기 어려운 시대다. 마땅히 비전과 비즈니스는 양립해야 한다. 아울러 자기 건물에 자부심을 가진다면, 그것이 부동산 비즈니스의 '성공'일 것이다.

리노베이션에 관한 책은 이번이 두 번째다. 2007년에 출간된 《모두의 리노베이션》은 개인주택 리노베이션의 지침서로 스테디셀러가 되었다. 당시 편집자였던 이노구치 나쓰미 씨가 이번에도 편집을 맡았고 포무기획의 히라쓰카 가쓰라 씨가 구성에 함께했다. 두 사람의 도움으로 잡다한 지식과 경험을 논리정연하게 꾸릴 수 있었다. 또한 이 책에 등장하는 소유주들의 협력으로 구체적이고 더 농밀해졌다. 정말 감사드린다.

마지막으로 한 마디 덧붙이면, 리노베이션이라는 말은 보편적인 것이 되었지만 리노베이션 회사는 아직 그만큼은 아니다. 부동산 재생을 컨설팅에서부터 기획, 설계, 시공, 나아가 판매, 임대 모집, 광고까지 아우르는 회사는 더욱 그렇다. 이러한 업역을 일컫는 명칭조차 딱히 없다. 겸비해야 할 전문 지식과 기술이 산더미처럼 많고, 개척해 나아가야 할 분야지만 그만큼 보람 있는 일이기도 하다. 건축, 부동산을 공부한 사람들에서도 같은 꿈을 꾸는 이들이 늘어나길 간절히 바란다.

나카타니 노보루
아트앤크래프트 대표

FUDOSAN RENOVATION NO KIKAKUJUTSU

Copyright © Noboru Nakatani, Arts & Crafts

through Japan UNI Agency, Inc., Tokyo and Korea Copyright Center, Inc., Seoul

부동산 리노베이션 기획
물건 감정에서부터 상품 기획, 설계, 집객까지

초판1쇄 펴낸날 2023년 7월 11일

지은이 나카타니 노보루 + 아트앤크래프트
옮긴이 김혜정
펴낸이 강정예

펴낸곳 정예씨 출판사
주소 서울시 마포구 월드컵로29길 97
전화 070-4067-8952 팩스 02-6499-3373
이메일 book.jeongye@gmail.com 홈페이지 jeongye-c-publishers.com

표지 디자인 포뮬러 내지 디자인 김준형
출력 및 인쇄 민언프린텍 제본 대흥제책 용지 한서지업

ISBN 979-11-86058-52-7

책값은 뒤표지에 있습니다.
잘못된 책은 구입하신 곳에서 교환해 드립니다.